떠나면 알 수 있는 것들

떠나면
알 수 있는
것들

글·사진 김상미

책미래

몇 년 간 나의 회사 모니터에 붙어 동고동락했던 험프리
사랑하면 닮는다고 하던가. 점점 닮아가는 내 여행의 동반자 험프리
외로울 땐 말동무, 사진 찍을 땐 모델이 되어주었다.
많은 사람의 사랑을 받았던 험프리, 고마워.

프롤로그

1.

스물다섯, 학생으로서의 마지막 방학을 어떻게 보내야 할까 고 민하던 중이었다. 인턴십의 마지막 밤, 숙소의 방 안에서 우연히 영상 하나를 보게 되었다. "See you on the road!"라며 나를 불렀다.

인턴십이 끝난 다음날 배낭을 쌌다. 목적지는 남아프리카.

그곳에서 보낸 한 달여의 시간은 매 순간 반짝였다. 나의 모든 감각을 깊숙이 자극해 왔다.

함께 여행한 전직 테니스 코치였던 일흔의 마틴이 심드렁하게 말을 던진다.

"Play the ball, don't let it play you(너의 인생을 살아. 남이 만들 어 놓은 인생 말고)."

2.

스물여덟이 되던 해, 손끝 발끝이 아침마다 심하게 붓고 아파 왔다. 얼마 안 가 펜 뚜껑도 못 열고 잘 걸을 수도 없게 되었다. 너무 아파 밤에 잠도 못 들었다. 의사 선생님은 류머티즘이 의심 된다며 검사를 받자하셨다.

검사 결과를 기다리는 일주일 동안, 마음이 터질 것 같았다.
아직 하고 싶은 것들이 너무나 많은데.

'내 인생이, 생각보다 길지 않을 수도 있어. 내 몸을 온전히 쓰지
못하게 된다면…'
그전에 내가 하고 싶은 것들은 뭘까.

(검사 결과는 음성이었다.)

3.

서른 막바지 겨울, 편찮으신 은사님을 찾아뵈었다. 인생의 롤 모
델인 그녀는 내게 물었다.
"행복하니? 정말 하고 싶은 게 뭐니? 꼭 거창한 무엇이 아니어도
좋아, 그걸 네가 지금 하지 못하는 이유는 뭐니?"

세상을 보고 싶었다. 세상의 사람들을 만나고 싶었고, 그들의
이야기가 궁금했다. 세상의 풍경을 마주하고 싶었다. 갈수록 편
협해지는 나를 넓은 세상에 흠뻑 담가 보고 싶었다.
주변의 사람들이 앞을 향해 달려갈 때, 한숨 돌리고 '바로 지금
이 순간!'을 느끼고 싶었다.

나는 늦은 가을 세계지도를 들고 떠났다.
정해진 루트도, 목적도, 기간도 없었다.

나의 로망 남미는 꼭 가봐야지, 보고 싶던 친구들을 만나야지,
하고 싶은 건 실컷 하고 하기 싫은 건 하지 말아야지, 서두르지
않아야지, 세상의 맛난 음식을 먹어 봐야지, 그러다 일 년쯤 후
에는 돌아와야지….
이런 정도가 계획이라면 계획이었다.

가고 싶은 곳으로 가고, 머물고 싶은 만큼 머물렀던,
다시없을 여행이었다.
인생에서 가장 반짝였던, 내 410일간의 기록.

CONTENTS

01.

어둠이 눈을 가리면
마음이 눈을 뜬다
모로코

행복한 여행은 마음의 눈으로 보는 것.

누구에게나 활짝 열린 마음과 환한 미소로 대하는 친구, 페드로.
그가 말했다. 마음으로 대하고, 마음으로 보라고.
'여행가'라는 게 존재한다면, 그건 너에게 제일 어울리는 말일 거야.

바히아 궁전(Bahia Palace)에서.

Marrakech, Morocco

...lafond plat en bois de cèdre peint ...
et aéré par des panneaux en plâtre sculpté
et finement ajouré .

Les plafonds des salles et des niches, les
linteaux, les vantaux des portes et fenêtres
sont, là aussi, en bois de cèdre rehaussé de mo-
tifs peints et notamment de bouquets stylises
de fleurs.

첫 번째 여행지는 영국 런던을 거쳐 도착한, 모로코이다.

타임머신을 타고 백 년쯤 거슬러 올라간 듯한 도시. 당나귀에 물건을 싣고
다니는 사람들. 그 사이로 걷다 보면 오묘한 향기, 알 수 없는 언어로 가득
찬 광장에 들어선다.
마라케시의 심장, 제마 엘 프나(Djemaa el Fna) 야시장이다.
어둠이 내리는 시각이면 광장을 가득 메운 포장마차로 사람들이 몰려든다.

Marrakech, Morocco

몇 달 전 터키의 한 게스트하우스에서 만났던 친구 페드로가 이곳에 있었다. 그는 지난 반 년 동안 아프리카를 혼자 여행했다. 페드로 그리고 캐나다에서 온 수다쟁이 토니와 함께 거리로 나갔다.

야시장 제마 엘 프나가 뿜어 대는 강렬한 기운에 압도되어 질식할 것 같다. 사방에서 불러 대는 통에 정신이 하나도 없다. 현지인들로 가득한 31번 가게에 자리를 잡고 배불리 먹었다. 지나가던 사람이 어느 나라에서 왔느냐고 묻는다. 한국이라 대답했더니 아는 단어가 하나 있단다.

"가슴!"

마음을 이야기하는 거겠지? 너무 해맑게 얘기해서, 당황하는 내 지신이 이상한가 싶다. 보통 외국어는 인사말부터 배우는데….

Marrakech, Morocco

제마 엘 프나 야시장을 뒤로하고 다시 찾은 호스텔, 침대에 편하게 기댄 채 친구의 아프리카 여행담을 듣는다. 우간다에서 고릴라와 눈을 마주쳤던 감동적인 순간, 탄자니아 버스 전복사고 그리고 혼자 걷던 밤길에서 강도를 만났던 일…. 페드로의 이야기가 그림처럼 펼쳐진다. 꼭 가봐야지 하고 벼르던 나라들이다.

한창 이야기에 취해 있을 무렵, 바닥에서 뭔가 미끄러져 움직이는 듯한 느낌에 무심히 시선을 옮겼다.

뱀이다!

머리를 치켜들고 내 침대 쪽을 향해 꿈틀거리며 다가오는 모습에 혼비백산, 자리를 박차고 일어났다. 있는 힘을 다해 건너편 친구 침대로 풀쩍 뛰었다.

뱀 좀 잡아달라고 리셉션에 뛰어갔다.

"허허허, 뱀이 다 나오고 별일이네. 조금만 기다려. 지금 하던 일 마저 다하고."

결국 친구가 운동화를 치켜들어 뱀을 때려잡았다. 입을 쩍 벌린 것이 금방이라도 달려들 태세였던 놈이 야생의 소리를 뱉어 내고는 쓰러졌다. 침대 주변에 뿌려진 혈흔을 보며 한참을 패닉에 빠져 있었다. 자는 사이에 뱀이 스멀스멀 침대 속으로 파고들면 어쩌나, 이러다 잠 못 들면 어쩌나….

이런 저런 걱정을 안고 잠자리에 누웠는데, 웬걸 누가 업어 가도 모를 만큼 깊이 잠들었다.

제마 엘 프나에 바람이 불면 오렌지의 향긋한 내음이 코끝을 스친다.

수많은 노점들이 앞다퉈 손님을 부르고, 상점 진열장에는 진한 빛깔을 뿜어

내는 싱싱한 오렌지가 한가득이다. 천 원도 안 되는 돈이면 즉석에서 오렌

지 즙을 만들어 준다.

수많은 가게 가운데 나와 친구들이 매일 찾아갔던 곳, 17번 노점의 플래닛

오렌지(Planet Orange).

Marrakech, Morocco

유명 여행 프로그램의 오프닝에 등장하여 낯이 익은 페스의 가죽염색 시장
이다. 고약한 냄새가 코를 찌른다.

고개를 숙이면 예전 방식대로 비둘기 똥을 이용해 가죽을 염색하는 천 년
고도 페스의 모습이 보이고, 고개를 들면 지붕마다 위성TV의 하얀 원반이
도시를 백색으로 염색하고 있다.

Fez, Morocco

모로코의 숙소들 중에는 옥상에 테라스를 꾸며 놓은 곳이 많다. 잠시 머물던 리야드의 테라스에 앉아 모로코 와인을 한 잔 마신다.

저물어가는 하루를 바라보며 음악을 틀었다. 어스름이 내리는 대기 속으로 빠르지도 느리지도 않은 김광석의 목소리가 퍼진다. 지금 이곳에서 나만 이해할 수 있는 언어로.

Fez, Morocco

페스의 사람들은 마라케시에 비해 훨씬 더 정겹고 따뜻한 느낌이다. 숙소에서 가까운 음식점 타미스(Thami's)에서 일하는 사람들은 친절하고 소박한 느낌을 준다.

페스에서의 둘째 날 저녁, 타미스에 들렀다가 모로코와 탄자니아의 축구 경기를 봤다. 아프리칸 컵 경기였다. 문득 TV에서 귀에 익숙한 노래가 흘러 나왔다.
"이거 남아공 국가잖아!"
남아프리카 여행 때 만난 남아공 어느 친구에게서 들은 후 마음 깊이 남아 있던 노래였다.
그런데 친구 말이 지금 나오는 노래는 탄자니아 국가라고 한다. 아프리카의 몇몇 나라들은 같은 곡에 각자의 언어를 붙여 국가로 사용한다는 설명이다.
이날 경기는 3:1로 모로코의 승리. 축구공이 골망을 가를 때마다 어찌나 함성을 질러 댔는지 두개골이 다 흔들릴 정도였다.

우리는 길을 잃는 걸 두려워한다.

여행자들은 길을 잃기 위해 이곳 페스를 찾는다. 세상에서 제일 복잡
하다는 메디나(구시가지)의 미로 같은 골목으로 접어들며, 길을 잃고 헤맬
앞으로의 몇 시간에 가슴이 설렌다. 길 잃고 잠시 헤맨다고 두려워 말기.

Fez, Morocco

여행을 준비하던 여름, 유난히 자주 본 친구 H는 여행 내내 내 곁을 지켜
준 책 《월든》과 《사랑의 역사》 그리고 《Eight seasons》 CD를 안겨 주었다.
페스 리야드*의 주인은 예약할 때와는 달리 옥상의 옥탑방에 묵어 달라 한
다. 툴툴거리며 올라서니 따사로운 햇살이 가득하다. 마음이 금세 풀어진다.
《Eight seasons》를 틀어 놓고 트인 하늘을 즐기고 있으니, 다른 여행객이 미
소를 지으며 다가온다.
"아, 이런 아름다운 음악을 들려줘서 고마워요."
긴 여행을 떠나는 나에게, 북반구의 사계(비발디의 사계)와 남반구의 사계(피
아졸라의 사계)가 절묘하게 합쳐진 《여덟 계절(Eight seasons)》이라는 음반을
골라 준 친구의 마음 씀씀이가 예쁘다. 지금 이 순간, 그에게 감사함을 전하
고 싶다.

Fez, Morocco

*리야드(Riad): 모로코 전통가옥을 개조한 숙소

버스를 타고 모퉁이를 돌자 승객들이 환호성을 지른다. 산 중턱으로 마을 셰프샤오우엔이 모습을 드러냈기 때문이다. 앞서 방문한 두 도시보다 아담한 마을에는 하얗고 푸른 집들이 빼곡하다.

산 그림자가 마을로 내려오는 시각, 언덕 위에 올라 마을을 보고 있으려니 이슬람교도들의 기도 시간을 알리는 아잔 소리가 쓸쓸하게 울려 퍼진다.

Chefchaouen, Morocco

여행자 사이에서 해시시*의 천국으로 불리는 곳, 셰프샤오우엔. 이곳의 호객
꾼들은 열에 아홉이 해시시를 판다. 아이들은 마치 들꽃처럼 보호자 없이
거리를 돌아다닌다. 이 작고 예쁜 마을에서 태어난 사랑스러운 아이들이 관
광객에게 해시시를 권하는 어른으로 자라는 것일까.

마라케시, 페스의 시장 거리의 북적임에 지쳤던 걸까. 메디나 안의 숙소에서
일주일쯤 지낸 뒤 번잡한 거리에서 한참 떨어진 언덕 위 호스텔을 예약했다.
인터넷에서 평이 좋은 곳이라 크게 걱정하지 않았다.

그런데 호스텔로 추정되는 하얗고 파란 건물에서 엄청난 음악소리가 들려
왔다. 모로코에서 접해 본 적 없는 ROCK'n ROLL이다! 소리가 들리는 3층
으로 씩씩거리며 올라가니 백인 세 명이 광란의 연주를 하고 있었다. 투숙
객 같지는 않고 무슨 일일까?

*해시시: 마리화나를 농축한 마약

이곳은 원래 스코틀랜드 부부가 운영하는 호스텔인데, 피크 시즌을 마치고 한동안 스코틀랜드로 휴가를 떠났고, 그동안 열여덟 살짜리 아들이 이곳을 관리하는 중이라고 한다.

테라스에 올라 보니 술병이 이리저리 굴러다니고, 한쪽에서는 마리화나가 싱싱한 이파리를 자랑하고 있다. 대낮부터 맥주와 해시시에 쩐 스코틀랜드 인 둘이 동공이 풀린 채 널브러져 있었다. 그들의 시끄럽게 떠들어 대는 말 소리 가운데 내가 알아들은 단어는 'Fucking'뿐이었다. 철부지 호스텔 주인 은 자정 무렵 셰프샤오우엔 유일의 클럽으로 놀러 나갔다.

호스텔의 큰 개가 놀러나간 어린 주인을 기다리며 밤새 짖어 댔고, 나는 잠 을 설쳤다. 다음날 아침 바로 체크아웃하고 언덕길을 내려가 메디나 안의 숙소로 돌아왔다.

전날 잠을 설쳐서일까. 이제 여행 초반인데 벌써 병이 났다. 부은 편도선을 붙잡고 연신 콜록거리며 파란 문 약국을 드나들었다. 자주 들르면 외국의 약국일지라도 정이 드는 것일까. 그 약국에는 셰프샤오우엔을 상징하는 하 얀 벽에 파란 문인 약국의 유화가 걸려 있었다.

Chefchaouen, Morocco

모로코 쇼핑 품목 1위는 가죽 제품이다. 문양이 약간 삐뚤어진 핸드메이드 낙타 가죽 가방을 만지작거리고 있었다. 얼마냐고 물어보니 상인이 350디람을 불렀다. 짐만 늘 것 같아 지금은 필요 없다고 했더니, 상인의 입에서 뜻밖의 제안이 나온다.

"당신이 행복해질 수 있는 가격을 불러보세요."

행복한 가격이라? 설마 이 가격에는 안 팔겠지, 하는 마음으로 100디람을 불렀다. 상인이 웃으며 이렇게 답한다.

"당신과 내가 함께 행복하도록 110디람에 드리죠."

Chefchaouen, Morocco

모로코 전통요리 따진.

소고기, 닭고기, 양고기 등에 향신료를 더한 전통음식이다.

처음엔 그렇게도 맛나더니 열흘 내내 먹은 어느 날 팔팔 끓
는 찌개가 그리워진다.

Rabat, Morocco

만남과 헤어짐은 점(dot)과 같다. 만남과 헤어짐의
연속이 여행이라는 선(line)을 그리는 걸까?
두 번의 이별이 있었던 곳. 그래서 두 번의 만남이
있었던 곳.
만남은 기억 속에 이별은 현실 속에.
크루아상이 맛있는 라밧의 까페.

Rabat, Morocco

02.

사진과 삶의 경계에서
프랑스

여행지 금지 조항 1. 한국인의 눈으로 보지 말 것.

루브르 박물관 가는 길.
발밑에 웬 전단지를 이렇게나 뿌린 거지?
파리는 왜 이리 지저분하지? 생각하던 차에,
다시 보니 이 또한 예술 작품이다.

Paris, France

여행지 금지 조항 2. 영화와 현실은 다르다!

영화 〈아멜리에(Amelie Of Montmartre)〉의 그 까페(Café des 2 Moulins)를 찾았다. 초롱초롱한 눈빛의 아멜리에는 어디로 가고 중년의 아저씨 두 분이 눈을 반쯤 감고 추억의 명곡 메들리에 심취해 있다.

Paris, France

고흐가 생의 마지막을 불태웠던 파리 근교의 작은 마
을, 오베르 쉬르 오와즈.

처절히 외로웠을 그가 가장 사랑하고 의지했던 동생 테
오와 함께 잠든 묘지를 다녀오던 밤.
자욱히 내리 앉은 검은 안개를 휴대폰 불빛으로 걷어
내어가며 찾아낸 그의 무덤은 그가 세상에 남긴 그림들
에 비해 너무나 초라했다.
그를 기리는 해바라기로 가득 채워진 지하보도가 조금
은 위안이 되었을까.

Auvers-sur-Oise, France

지금도 그 연약한 바다 생물은 단단한 껍질을 만들려고
애를 쓰겠지.
굴 껍질이 쌓이는 한적한 굴 마을 깡깔.

Cancale, France

컬러는 찰나를, 흑백은 영원을 만드는 그 모순 속으로.
몽생미셸의 연인들.

Mont Saint Michel, France

부지런한 사냥꾼은 축 늘어진 오리 한 마리를 들고 어디론가 간다.
노란 연두빛의 벌판을 바다 삼아 저 멀리 희미하게 섬처럼 떠 있는
몽생미셸이 평화로운 아침.

Mont Saint Michel, France

시곗바늘만으로는 느낄 수 없는 자연의 시간이 있다. 빛과 구름
그리고 살갗으로 다가오는 바람의 촉감이 시간을 물처럼 느끼게
한다. 에트레타의 코끼리 바위 저편으로 해가 진다.

Etretat, France

따뜻한 햇살이 드리우던 뤽상부르 공원(Jardin du Luxembourg)의
오후.

파리 시내를 헤매다 우연히 발을 들였던 공원. 문득 이 흑백 사진
같은 공원을 다시 찾았다. 집으로 보낼 엽서와 함께.

Paris, France

03.

나, 가족 그리고
스페인

10년 전 유럽 배낭여행을 준비할 때다. 혼자서 처음 떠나는 긴 여행을 앞두고 유럽의 각 나라 관광청 사이트를 돌아다니며 자료를 신청했는데, 집으로 정성껏 여행책자를 보내온 나라는 스페인 한 곳이었다. 그 책자들에 담겨 있는 꿈같은 풍경들을 보며, 가본 적도 없는 그곳이 내 마음속 최고의 여행지가 되었다.

수십 번 여행 경로를 바꾸어 가며 스페인은 여행의 마지막에 방문하기로 해 놓았는데, 프랑스 기차 파업으로 스페인으로 가는 길이 막혀 버렸다. 망연자실 기차역에 웅크리고 있다가 파리로 돌아가는 야간열차에 몸을 싣고 많이 속상해했던 기억.

그런 이유로 여행을 시작하면 가장 먼저 달려가고팠던 곳, 스페인. 그곳에서도 바르셀로나에서 세 달 남짓 지내면서 스페인어를 공부해 볼 작정이었다. 지셀라는 여행을 떠나기 전 몇 달 간 나의 스페인어 선생님이었다. 그녀는 바르셀로나에서 나고 자란 스페인 토박이이다. 간호사로 일하던 그녀는 우연한 기회로 한국에 여행을 왔다가 홀딱 반해 무작정 떠나왔다.

"바르셀로나에 우리 부모님 집이 있어. 내 방이 비어 있는데 거기서 지내면 어때?"

지셀라의 제의로 바르셀로나의 사그라다 파밀리아에서 두 블록 떨어져 있는 그녀의 부모님 댁에서 한 달 동안 신세를 지게 되었다.

지셀라의 엄마 아빠가 함박웃음으로 맞아 주신다. 조금은 어색했던 양쪽 볼 인사. 그리고 영어를 못 하시는 지셀라의 부모님을 위해 수도 없이 연습했 던, 스페인어 인사를 건넨다.
"부에노스 디아스, 메 야모 상미. 무초 구스토(Buenos dias, me llamo Sangmi. Mucho gusto./ 안녕하세요, 저는 상미라고 해요. 만나서 반갑습니다.)."
지셀라의 방엔 내가 필요로 할 만한 것들이 완벽히 갖춰져 있었다. 영어-스 페인어 사전, 바르셀로나 지도, 버스 및 교통편 노선도. 의사소통에 도움이 될 그림 단어장까지.

지셀라 가족은 바르셀로나 시내의 작은 음식점들에 식자재를 파는 일을 하 고 있다. 시내 구경도 시켜 줄 겸, 엄마는 나를 데리고 부지런히 시내 곳곳 의 거래처를 함께 다니셨다. 온갖 식재료 구경에, 가게 사장님들에게 인사도 하랴, 하몽 창고에도 방문하랴, 정신없이 시간이 흘렀다.
매일 아침이면 빤 꼰 토마테(Pan con tomate: 타파스의 일종. 토마토를 바른 빵. 카탈루냐 지방에서 아침에 많이 먹는다)와 까페 꼰 레체(Café con leche: 까페 라떼)를 같이 만들어 먹고, 어설픈 스페인어 실력으로 띄엄띄엄 이야기를 하 려는 나를 격려해 주셨다. 맛있는 식사, 즐거운 식탁과 동네의 산책들이 이 어졌다.

며칠이 지난 어느 날 지하철에서 다음 열차를 기다리는 중,
"뚜 에레스 미 이하 뻬께냐(Tu eres mi hija pequeña /넌 내 막내딸이야)."
그러시곤 찡긋 웃으며 나의 어깨를 톡톡 두드려 주신다. 나는 가만히 그녀 의 팔짱을 껴 보았다. 스페인에 엄마, 아빠가 생겼다.

"상미, 나랑 산책하고 요 앞 까페에서 맥주 한잔 하지 않을
래?"
엄마랑 사그라다 파밀리아를 한 바퀴 돌고, 노천 까페에서
맥주 한 잔에 얼굴이 벌게져 돌아오면, 아빠는 점심을 준비
해 놓고 계신다. 어느 레스토랑에서 먹어 보았던 빠에야보
다 아빠의 빠에야가 가장 맛있었다.

여행을 시작하고 2주가 넘어갈 때였다. 집에서 연락이 왔다.
막내가 쓰러졌단다.
아직 어린 동생이다. 눈앞이 캄캄했다. '어떡하지?'
정신이 반쯤 나가 있는데, 엄마가 노크한다.
"상미, 나랑 동네 바에 가지 않을래?"
멍하니 따라나섰다.
까페에서 엄마가 뭔가를 주문하신다. 바에 놓인 잔을 쥐려
는데 손이 떨려 제대로 잡지 못한다. 그런 나를 보고 엄마가

걱정스러운 표정으로 무슨 일이냐고 물어보신다.

스페인어로 설명할 수가 없다. 들고 나온 사전에서 단어를 한 개 한 개 찾아 손가락으로 가리켰다.

'남동생'

'아프다'

'병원'

'쓰러지다…'

마지막 단어를 손가락으로 찾아 가리키는데, 눈물이 쏟아지고 만다.

선 채로 엉엉 우는 나를 엄마는 꼭 안아 주신다.

다음날 부랴부랴 한국에 돌아갈 채비를 했다.

떠나는 내게 엄마는 손을 꼭 잡으며 또박또박 말씀하신다.

"뚜 띠에네스 까사 이 파밀리아 엔 바르셀로나.

(Tu tienes casa y familia en Barcelona. / 너에겐 바르셀로나에

가족과 집이 있단다.)"

마음이 무거웠던 귀국 전야.

스페인 엄마는 오래된 책방 마르티네스 페레스 서점(Liberia Martinez Perez) 뒷편 창고에서 열리는 작은 음악회에 데려가 주셨다.

현악기의 차분한 선율은 마음을 다독여 주는 힘을 갖고 있다.

Barcelona, Spain

"그럴듯한 인생이 되려 애쓰는 것도 결국 이와 비슷한 풍경이 아닐까… 생각도 들었다. 이왕 태어났는데 저건 한 번 타 봐야겠지, 여기까지 살았는데… 저 정도는 해 봐야겠지, 그리고 긴긴 줄을 늘어서 인생의 대부분을 보내 버리는 것이다. 삶이 고된 이유는… 어쩌면 유원지의 하루가 고된 이유와 비슷한 게 아닐까, 나는 생각했었다."

자신의 얼굴을 갖고 산다는 것, 자신의 삶을 살아간다는 것이 무엇일까에 대한 답을 찾고 싶었던 몇 년 전, 나를 큰 소용돌이에 몰아넣었던 박민규의 소설 《죽은 왕녀를 위한 파반느》, 그 책의 표지가 '시녀들(Las meninas)'이었다. 책 표지의 그림은 가장 못난 시녀를 밝게 강조했다. 그리고 밑에 붙은 카피 한 줄.
"그래도 날 사랑해 줄 건가요?"
뜨끔했었다.

프라도 미술관을 늦은 시간에 굳이 찾은 이유, 이 작품을 꼭 두 눈으로 보고 싶었다.

이곳에서 만난 그녀는 혼자만 액자에 시선을 주고 있다. 그녀는 시녀이지만 시녀처럼 행동하지 않는다. 다른 세상, 다른 꿈을 보는 듯하다. 당당하고 위엄 있는 모습으로 보인다.

몇 년 전의 나와 지금의 내가 같은 것을 보고 다른 것을 느낀다.

Madrid, Spain

세비야의 스페인 광장에서.

세상에서 가장 멋진 광장은 이곳이 아닐까?

세비야 히랄다 타워의 밤 풍경.

스페인 남부는 북아프리카의 이슬람 세력과 유럽의
가톨릭 세력의 지배를 번갈아 받으며 다양한 문화의
흔적이 한 곳에 녹아 있다.
그중에서도 마젤란과 콜럼버스가 세계 일주를 시작
한 이곳, 세비야. 신대륙에서 가져오는 온갖 금은보
화를 실은 배들이 처음 도착하던 큰 항구였다.
히랄다(Giralda)는 풍향을 가리키는 바람개비라는 뜻
이다.
히랄다 탑 바닥은 로마시대에 만들어졌고, 그 후 오
랜 기간 이슬람 사원의 탑이었는데 나중에 기독교인
들이 위에 종탑과 조각들을 추가했다.
탑의 정상에 서면 세비야의 평평하고 시원한 풍광이
들어온다.

Seville, Spain

세비야의 유명한 따블라오*, 로스 가요스(Los gallos)의 플라
멩꼬(Flamenco) 공연을 기다리며 걷던 좁은 골목 모퉁이의
작은 가게. 천장에는 특유의 향을 풍기는 돼지 뒷다리들이
주렁주렁 매달려 있다.

하몽 타파스에 쌉싸름하고 드라이한 셰리(Sherry)* 한 잔.

Seville, Spain

*따블라오(Tablao): 스페인의 전통 플라멩꼬 공연장.
*셰리(Sherry): 스페인산 화이트 와인에 브랜디를 섞어 수년간 숙성시킨 술,
스페인의 헤레스(Jerez) 지방에서 주로 생산. 알코올 도수는 16~18%이다.

세비야의 대성당.

여행을 하면서 참 많은 성당을 보았지만, 세비야 대성당의
화려함은 차원이 다르다.

프리 워킹투어 가이드의 말에 따르면, 콜럼버스의 유해는
두 곳에 안치되어 있다고 한다.
이곳 세비야 대성당과 도미니카공화국의 산토도밍고(Santo
Domingo). 둘 중 어느 유해가 진짜 콜럼버스인지에 대해서
는 아직도 의견이 분분하다.

Seville, Spain

라발 지구(El Raval)를 지날 때마다 만났던
콜롬비아 화가 보테로의 고양이.
지나갈 때마다 한 번씩 안아 주기.
보테로의 오동통한 작품들은 스페인 곳곳에서
발견된다.

Barcelona, Spain

J를 만난 건 모로코 라밧의 한 호스텔 로비였다.

뙤약볕을 피해 로비에서 한숨 돌리는데, 누군가 헐레벌떡 뛰어 들어온다.

"여기 와이파이 비번 알아요?"

마침 리셉션이 비어, 직원 대신 설명해 주면서 친구가 되었다.

하버드대학교에서 생물학 석사로 연구에 매진하던 J, 어느 날 메스를 들고 생쥐의 배를 가르던 그는 문득 자신이 원하던 인생이 이게 아니라는 깃을 '분명히' 깨달있다고 한다.

결심이 서자, 미련 없는 자리를 떠나는 일이 어렵지 않았다.

항상 스페인어를 배우고 싶었던 그는 훌쩍 바르셀로나로 향한다. 그리고 어릴 때부터 좋아했던 중세 역사를 공부한다.

몇 년 후 그는 지중해의 여러 나라들(모로코, 튀니지, 스페인 등)을 계속해서 여행하며 지중해 중세역사 박사과정을 밟고 있었다.

그가 바라던 인생이었다.

모로코에서 짧지만 강렬한 인상을 주었던 J가 바르셀로나에 왔다는 연락을 받았다. 그는 관심을 갖지 않으면 그냥 지나치기 십상인 바르셀로나 역사박물관(Museum of History of Barcelona: 바르셀로나의 오래된 지역, 고딕 지구(El Barri Gotic) 한쪽에 있다)으로 나를 초대했다.

나에겐 부스러진 돌덩이, 찌그러진 금속조각일 뿐인 것들을 두고 몇 시간 동안 그에 얽힌 역사와 유래를 재미지게 풀어내던 이야기꾼 J. 반짝이던 그의 두 눈이 생생히 떠오른다.

내가 원하는 것이 무엇인지 정확히 안다는 것,

양질의 인생을 살아내기 위해 무엇보다 중요한 것,

치열하게 고민하고 다양하게 경험해 나가며 깨닫게 되는 것이 아닐까?

흘러가는 대로 살아온 나의 인생을 다시 한 번 뒤돌아본다.

여전히 난 내가 무엇을 할 때 최고의 내가 될까?

진정 열망하는 것이 무엇일까?

나의 시간과 노동을 팔아 일상을 버티는 삶이 아닌, 진정 원하는 무언가를 하면서 살고 싶다, 그처럼.

J, 존경합니다, 진심으로.

Barcelona, Spain

바르셀로나 람블라스 거리의 먹거리 천국, 보케리아(Boqueria) 시장.
시장에 있는 스페인 가족의 단골가게를 찾았다.

키조개(Navaja, 나바하)는 이후로도 여행 내내 눈에서 아른거렸다.
여기선, 음식은 손가락 쪽쪽 빨아가며 먹어야 한다며 식사 내내 강
조하던 내 가족!

Barcelona, Spain

가우디가 당시 백만장자였던 구엘 백작을 위해 만든 구엘 공원
(Park Güell).

가장 기억에 남는 건,
레오파드 쫄바지를 입고 정열적으로 고래고래 노래 부르던 '그!'
저런 자유로움은 어디에서 나오는 걸까? 저 사람, 김광석이 얘기한
'좁은 와인 잔을 깨고 나온 붕어'일까?

남에게 피해를 주지 않는 선에서, 마음껏 자유롭기! 행복 팁 하나.

Barcelona, Spain

내가 가장 사랑한 바르셀로나의 타파스 파라다이스,
'끼멧 이 끼멧'(Quimet i Quimet).

"Dos tallats, si us plau(라떼 두 잔 주세요!)!"
마지막엔, 이렇게 카탈루냐 말로 마무리한다.

바르셀로나에 간다면 제일 먼저 달려 갈 곳.

Barcelona, Spain

엄마가 뽑은 최고의 여행지 톨레도.

파라도르(Parador)*에서 바라보는 톨레도의 풍경은 마치
중세 시대에 와 있는 기분이 들게 한다.
톨레도의 일출은 마법이었다.

Toledo, Spain

*파라도르(Parador): 스페인의 고성, 귀족 저택, 수도원 등을 개조한 국영
호텔.

스페인어로 모스크라는 뜻의 메스키타(Mezquita).

2만 명이 넘는 사람을 수용할 수 있던 거대한 모스크였는
데, 크리스천이 코르도바를 점령하면서 그 모스크 안에
성당을 지어 버렸다. 덕분에 어디서도 볼 수 없는 특이한
구조를 가지게 된 곳이다.

Cordoba, Spain

운 좋게도 큰 축제 중의 하나인 메르세 축제(La Mercè)기간에 바르셀로나에
도착했다.

마술 분수와 미술관을 배경으로 영원할 것만 같던 음악 불꽃놀이.

고딕 지구의 아담한 까페, 메종 델 까페(Mesón del Café).

이곳에서 너를 기다리던 시간들, 나에게 다가가던 시간들.

Barcelona, Spain

내가 오비에도에 온 이유, 우디 앨런.

오비에도는 그가 사랑한 북 스페인의 작은 낭만 도시이다.
그의 영화 〈Vicky, Christina, Barcelona〉에서 바람둥이
후안 안토니오가 두 명의 아가씨들을 자신의 경비행기에
태워 데리고 갔던 곳이다.
오비에도를 유난히 사랑한 예술인이어서 시내 한복판에
그의 동상을 세워 놨다. 그의 트레이드마크인 안경테가 부
러져 있는 모습에 내가 괜히 외로워진다.

Oviedo, Spain

지나온 시간을 돌아보며 다섯 시간 동안 아 코루냐의 해변 산책길을 걸었다.

안개가 자욱이 낀 날씨에 한적한 바닷가, 잔잔한 파도소리가 너무 좋다. 눈앞에 안개가 낀 듯 불안하던 내 지난날을 생각해 본다. 지금도 앞에 어떤 일이 있을지는 알 수 없지만 그래도 이 바다를 차분히 볼 수 있는 어른이 되어감에 감사하며….

A Coruña, Spain

바에 앉아 먹음직스러운 따파스 몇 개에 세르베싸(cerveza, 맥주)
한 잔 곁들이는 중.

할아버지, 아빠, 어린 딸의 모습이 훈훈하다. 미소가 절로 나온다.

Santiago de Compostela, Spain

순례자의 길(El camino de Santiago)의 종착지인 산티아고 데 콤포스텔라.

내성당 앞 광장엔 먼 길을 걸어 이곳에 도착한 사람들이 앉아 하염없이 성
당을 바라보고 있었다.

Santiago de Compostela, Spain

04

맥주, 카풀
그리운 사람
독일

멀리 있어 쉽게 만나지 못하는 그리운 사람들 만나기.
이번 여행을 떠난 이유 중 하나이다.

2005년, 남아프리카 트럭킹 여행, 울고 웃던 한 달 간의
여행 동안 늘 내 곁을 지켜 주던 마티나. 그녀는 뮌헨에
산다.

기차가 정차했다. 약속 장소에 조금 일찍 도착해, 그녀
를 기다리는 시간. 심장이 두근거린다.
그 회백색의 인파와 소음을 뚫고 불쑥 정답고 생기 넘
치는 목소리가 들렸다. "상미!" 돌아보지 않아도 알 수
있는 마티나의 음성. 그 목소리는, 7년간 꾹꾹 눌렀던
그리움을 한순간에 터뜨리고 말았다.

Munich, Germany

옥토버페스트로 유명한 뮌헨에서 겨울에 열리는 톨우
드 페스티벌(Tollwood Festival).

사람들은 길고 긴 겨울의 밤을 흥겹게 보내며 다시 올
봄을 기다린다. 음악이 만국 공통어라면 비틀즈는 만국
공통어 중에서 가장 많이 쓰는 인사말 같다. 연령과 성
별, 국경을 뛰어넘어 비틀즈를 즐기고, 나의 오랜 친구와
나는 맥주를 기울인다.

Munich, Germany

마티나와 함께 뮌헨 시청 앞 마리엔 광장을 걸으며 크리스마스 마켓을 둘러보던 중이었다. 거구의 뿔 달린 괴물이 성큼 우리 앞으로 다가온다. 음산한 독일의 하늘과 차가운 대기 그리고 낯선 곳에서 만난 익숙하면서도 외면하고픈 얼굴. 마티나는 꽁지를 감추고 달아나더니 울음을 터트리고 말았다.

사방으로 뚫린 이 거리가 마치 벽으로 둘러싸인 듯 갈 길 몰라 하는 나에게 2미터 장신의 괴물이 뚜벅뚜벅 걸어오더니 나를 솜털 다루듯 들어 올렸다. 사람들의 즐거운 웃음소리 그리고 느껴지는 가면 속 얼굴의 윙크. 그래, 이건 장난이지. 가짜야. 그런데 왜 우리는 꿈속에서 가짜를 진짜처럼 만날까.

독일 다음으로 향하는 곳은 오랫동안 꿈꾸어 온 중남미로의 긴 여행의 시작이 될 쿠바다. 프랑크푸르트발 쿠바행 비행기를 예약했다. 그런데, 뮌헨에서 프랑크푸르트까지 가는 기차 가격이 상상 초월이다.

기차편의 비용 때문에 망설이니 마티나가 여러 가지를 알아봐 준다. 그리곤 카풀을 금세 찾았다. 기차 가격의 반에 반도 안 되는 가격에 가게 되어 마냥 기뻤다. 그런데 첨부터 뭔가 수상하던 운전사가 갑자기 시골마을에 차를 세우더니 "오늘은 피곤해서 운전을 못하겠어. 여기 내려서 기차 타고 가. 안녕." 건조한 목소리를 남기고 폴폴폴 사라진다.

우여곡절 끝에 그 마을의 작은 기차역에 도착하니 프랑크푸르트행 기차는 이미 떠났단다. 내일 아침에 아바나행 비행기를 타려면 그 열차를 놓쳐서는 안 되는데….

같은 차에 몸을 실었던 여자 한 명이 전화기로 SOS를 친 모양이다. 친구가 데리러 온다며 건너편 레스토랑에서 기다리자고 한다. 글루바인 한 잔에 얼굴이 달아오르고, 이런 상황에서 난 알코올 기운에 눈이 스르륵 감긴다. 몽롱한 눈으로 창 너머를 바라보는데, 역시 여긴 독일이었던가, 벤츠를 몰고 그녀의 왕자님이자 나의 구세주가 나타났다.

자정 지난 늦은 시각, 간신히 프랑크푸르트에 도착했다.

Munich, Germany

05.

말똥 냄새와 예술이
공기에 섞여 흐르는
쿠바

유럽을 떠나 중남미로 들어가는 첫 관문, 쿠바.

여태까지는 워밍업, 이제 진짜 배낭여행이 시작된다.
사회주의국가라는 선입견에서 오는 거리감에 입국부
터 상당히 긴장했다. 전날 입국서류 준비에 밤을 꼴
딱 새운 뒤에 도착한 쿠바였다.
웬걸, 까다롭다고 소문이 자자하던 입국 심사대에서,
바로 도장 쾅! 환한 미소로 반겨 준다.
"비엔베니도스 아 쿠바!(Bienvenidos a cuba! / 쿠바
에 오신 걸 환영합니다!)"

Havana, Cuba

바람에 흔들리는 창문 소리에 눈을 떴다. 아바나에
서 맞이하는 첫 번째 아침.

핑크빛 페인트가 칠해진 나무 창문을 열고 밖을 내
려다본다. 내 방은 2층. 습한 공기가 밀려들어 온다.
방안의 TV를 켠다. 쿠바의 텔레비전에선 어떤 방송
이 나올까? 마이클 부블레의 미국 공연 실황이다.
'어라, 예상과는 많이 다른데'.

채널을 돌렸는데, 또 미국 드라마가 나온다. 미국과
는, 마음은 먼 나라 거리만 이웃나라가 아니었던가?
상상했던 것보다 깨끗하고, 조용하다. 나의 까사*는
아바나 중심가에서 조금 떨어져 있는 미라마르(Mira
mar) 지역이다. 쿠바에 계신 친구 지인의 도움으로
너무 멋진 곳에 머무르게 되었다.

Havana, Cuba

*까사(Casa): '집'이라는 의미의 스페인어. 쿠바에서는 대부분 일반
가정집에서 민박을 하고, 이를 까사라고 부른다.

드디어 시내로 나가볼 시간. 마르따 할머니가 따라
나와 지나가는 택시를 잡아주신다. Taxi 마크가 차
지붕에 올라와 있는 택시는 외국인용 비싼 택시, 앞
유리에 성의 없게 택시 마크를 걸친 건 저렴한 현지
인 용 합승택시, '아메리카노 택시'다.

현지인들 사이에 끼여 합승택시에 올랐다. 쿠바의 바
람결을 느껴 볼까, 창문을 내리려고 보니, 손잡이가
없다. 나의 당황한 얼굴을 본 기사는 주섬주섬 어디
선가 손잡이를 찾아 꺼내 준다. 그때그때 끼워서 쓰
고 다시 보관하는 것. 겉은 번지르르 정말 멋진데, 내
부는 이런 골동품이 따로 없다. 이런 게 바로 상상만
하던 '쿠바스러움'임에 온몸이 짜릿하다. 이 올드카
안에서 지직거리며 흘러나오는 신나는 쿠바 음악에
엉덩이가 벌써 들썩거린다.

잠시 후, 시내가 모습을 드러낸다. 왼편으로는 파도
가 부서지는 말레꼰.

올드 아바나다.

Havana, Cuba

모든 것들이 아름답다. 고장이라도 난 듯 심장이 쿵쾅
거린다.

'아, 내가 진정 '그' '아바나'에 있는 거야?'

어느새 아저씨 두 명이 흥겨운 노래를 부르며 다가온
다.

"이름이 뭐니?(꼬모 떼 야마스? / Como te llamas?)"

"상미에요.(메 야모 상미. / Me llamo Sangmi)"

쿠바인의 18번 '관타나메라(여행하는 내내 질리도록 들었
다)*에 내 이름을 중간중간 위트 있게 넣어 들려준다.

'오 마이 갓, 내가 진정 쿠바에서 쿠바 사람에게 쿠바
음악을 듣고 있는 거야?'

*관타나메라(Guantanamera): 'Woman from Guantánamo, 관타나
모 지방에서 온 여인'이라는 뜻의 노래.

작열하는 태양, 시원하게 부서지는 파도 소리 그리고
나를 바라보며 노래를 불러주는 두 쿠바 사람
'아, 이건 너무 바람직한 시작 아니야…?'
"노래 잘 들었니? 돈은 여기에."

들뜬 표정에 배낭 차림, 카메라를 들고 두리번거리는
얼빠진 표정의 나, 그들에겐 최고의 먹잇감이다.
관타나메라*는 호구의 전주곡이었다.

잠시 후, 1모네다*짜리 거리 과자를 1쿡*이라는 거금
에 사는 라파엘과 마주쳤다.
지나가는 아이들이 나를 보며 "치나! 치나!(china: 스
페인어로 중국인 여자)" 불러 댄다.
"치나?"
그가 웃으며 그 비싼 과자 하나를 건넨다.
쿠바인들의 호구 두 명은 그렇게 친구가 되었다.

Havana, Cuba

*모네다(MN 혹은 CUP)와 쿡(CUC): 쿠바에는 이렇게 두 가지 화폐
단위가 있다. 1쿡은 약 25모네다. 정신 똑바로 안차리면 라파엘처럼
순진하게 당하기 쉽다.

영화 〈부에나 비스타 소셜 클럽(Buena vista social
club)〉을 봤던 날, 광화문 거리 어딘가에서 여운을
느끼며 친구와 캔 맥주를 마셨다.
'언젠가는 꼭 아바나에 가보고 싶다….'
그렇게 꿈꾸었었다.
지금, 방파제를 따라 달리는 낡은 차 위로 물보라가
흩뿌려지던 아바나의 그곳, 말레꼰이 눈앞에 있다.

외국인 여행객들은 쿠바에서 현지인들의 열렬한 구
애를 받곤 한다.
나에게 온갖 찬사를 줄줄 쏟아 내던 로베르또. 초스

피드로 사랑고백까지 받고 말았다.

"얘, 너한테 완전 반했나 봐."

옆에서 라파엘이 놀린다.

'음… 나, 쿠바에서 먹히는 얼굴인 걸까…'

Havana, Cuba

*다른 지방 여행을 마치고 열흘쯤 후 아바나에 돌아

왔다.

라파엘과 말레꼰에서 헤어지며 드는 생각,

'로베르또만 만난다면 완벽한 안녕일 텐데…'

아쉬운 인사를 하며 돌아선다.

익숙해지지 않는 작별의 헛헛함에 말레꼰을 바라보

며 앉아 있는데, 거짓말처럼 그가 다가온다. 그리곤

생글생글 웃으며 넌시는 한마디.

"곤니찌와."

너…, 며칠 전에 나한테 사랑한다고 했잖아!!!

까삐똘리오 앞의 사진사 호세 할아버지.

저렇게 즉석사진을 찍고, 배경으로 까삐똘리오 합성

까지, 뚝딱! 해치우신다.

"어디에서 왔니?(De donde eres?)"

"한국이요.(Soy de corea)"

"그래?"

반색하며 환하게 웃으신다.

"내가 한국사람(배우, 조민기)이 쓴 책에도 나왔다."

굉장히 자랑스러운 얼굴 표정이다.

"그 책 내일 가지고 올 테니, 내일 또 와."

다시 찾은 호세 할아버지. 출연하신 책이 여러 권
이다. 짧은 스페인어로 이런저런 잡담이 이어진다.
그러다 나도 암실에서 직접 인화를 한다는 이야기
를 하자, 갑자기 눈을 반짝이신다.

"한국에 가면 나한테 인화지 좀 보내 줄래? 인화지
구하기가 어려워서 요새 일을 많이 못하고 있어."

"그럼요! 하지만 저…, 1년 후에나 돌아가는데요…."

"……."

Havana, Cuba

몇 해 전 전주국제영화제에서 본 영화 〈아바나 블루스(Habana Blues)〉.

그 영화 속 민트 빛 거리가 떠오른다.

Havana, Cuba

인자한 표정의 사진 속 할아버지는 창가에 앉아서 필름 카
메라로 혼자 이리저리 찍는 날 보고 먼저 말을 걸어오셨다.
캐나다 오타와에서 사진관을 하다 은퇴하시고, 부에노스아
이레스로 귀향하셨다. 할아버지가 없는 나와 손녀가 없는
일흔두 살 할아버지 헥토르, 우린 금세 친구가 되었다.

"이름이 뭐니?"
"앨라니스(Alanis)예요. 가수 앨라니스 모리셋을 좋아해서 그
녀를 따라 영어 이름을 만들었어요."
"그렇구나! 내가 앨라니스 모리셋(Alanis Morissette)과 같은
동네에 살았어. 직접 보기도 했는걸."
'맞다. 그녀도 오타와 출신이었다.'
그렇게 이야기를 꺼내시던 그는 잠시 후 눈물을 글썽인다.
어머니께서 돌아가시고 이틀 후 사진관에 나와 억지로 일하
는 모습을 본 지인이 달라이 라마의 강연에 같이 가자고 했

다는 것이다. 그날 그 강연의 오프닝을 그녀가 했던 기억에
돌아가신 어머니 생각이 나신 단다.
"나이 먹으니 눈물도 주책없이 나오네…."
하며 멋쩍어하시는 그.
사진뿐 아니라 음악에도 박학하신 헥토르 할아버지. 할아
버지와 함께 한 내내 즐거웠다.
'이렇게 나이 들어가고 싶다.'

미래가 불안하다는 내게 할아버지가 한마디 해주신다.
"You're on the right track. Travel makes your soul richer.
If you soul is fulfilled, you will be happy(넌 잘 하고 있는
거야. 여행은 영혼을 살찌운단다. 영혼이 채워지면, 행복해진단
다)."
그리고 덧붙이신다.
"행복은 돈이나 다른 것들로부터 오는 게 아니야. 네 마음
속에서 오는 거란다."

나중에 아르헨티나에서 다시 만나기로 했지만, 그 후로 다
시 보지 못했다. 할아버지, 어디서든 건강하세요.

Habana, Cuba

까사 근처의 슈퍼에 갔다가, 이 동네에 사는 펠리페를 알게
되었다. 이 친구, 영어가 유창하다 싶었는데, 영어 선생님이
다. 어눌한 스페인어에 스스로 답답하고, 호시탐탐 관광객의
주머니를 노리는 사람들을 빼면 영어가 통하는 사람이 많지
않던 차에, 반갑지 않을 수가 없다. 궁금한 것도 많았는데,
현지인 친구를 알게 된 것 같아 신이 났다. 동네의 현지인 식
당에 가보고 싶냐, 물어온다.

"당연하지! 하지만 그래도 처음 만난 사람을 무턱대고 따라
갈 순 없는데…"

망설이고 있자니, 내가 머무는 까사 주인 마르따 할머니랑

친구라며, 할머니에게 허락을 받으러 가잔다.

"펠리페를 만났구나! 착한 친구니 같이 밥 먹고 오렴!"

할머니가 웃으신다.

얼마 걷지 않아 도착한 거리의 식당. 엄청 저렴하다. 종이접시 가득 맛있게 구워진 돼지고기에 밥을 담아 주고, 후식으로 바나나 한 개와 음료수 한 잔을 준다. 35CUP, 단돈 천오백 원. 근처의 계단에 앉아 밥을 먹으며 펠리페와 한참을 이야기했다.

쿠바에 도착하고, 인터넷을 한 번도 쓰지 못했다. 시내의 호텔 안에 쓸 수 있는 곳을 하나 찾았는데 시간당 만 원이 넘는 가격이 충격이다. 항상 화장실 휴지를 걱정해야 했다. 음식도 뭔가 부족했고, 정보도 부족했고, 어디에서도 당연했던 것들이 이곳에선 계속 부족한 느낌이 들었다. 모든 게 조금씩 불편하고, 심지어 불안했다. 그래서 현지에서 사는 사람은 어떨까 궁금했다. 펠리페에게 쿠바에서 사는 게 힘들지 않느냐, 불편하고 답답하지 않느냐, 물어보았다.

"나도 문제가 있지만, 너에게도 세상 누구에게도 문제는 다 있어. 모든 게 다 좋기만 한 세상은 없는 법이지. 너는 맘먹으면 어디든 갈 수 있고 인터넷으로 세상을 알 수도 있고 많은 자유를 누리지만, 우리는 교육도 의료도 무료, 돈이 없어도 원하면 배울 수 있고, 아프면 치료도 받을 수 있어. 월급이 많지는 않지만, 배고프지도 않아. 쿠바인이라는 것이 자랑스럽고, 이 나라에서 사는 게 행복해.

문제가 있을 땐 곰곰이 고민을 해 봐. 그러면 어디엔가는 답이 있다고."

"너의 꿈은 무엇이니?"
"사랑하는 여자와 토끼 같은 자식들 낳고 우리 집에서 행복하게 사는 게 꿈이야. 노력하면 언젠가 되지 않을까?"라며 해맑게 웃는다.

"행복? 권력이 있거나, 돈이 많거나 잘 생기고 예뻐서이거나? 글쎄…. 난 그렇게 생각하지 않아. 모든 건 마음먹기 나름 아닐까."

이날의 대화들은, 어두운 밤에 까만 펠리페가 환하게 웃을 때마다 도드라지던 이빨과, 반짝이던 눈과 함께 생생히 떠오른다.

왜 나는 내 힘으로 바꿀 수 없는 것들에 좌절하고, 반복된 고민을 하는 데 소중한 시간을 소비해 왔는지. 노력해서 바꿀 수 있는 건 노력으로 바꾸고, 되지 않는 것은 그대로 받아들이는 사람이 되자, 다짐해 본다.

여행을 하면서 내 세상과 너무나 다른 세상과, 그 세상의 사람들과 만나면서 내 것에 더욱 감사하게 되고 그들에게서 배우기도 한다.

Havana, Cuba

비냘레스, 예술가의 상상에서나 나올 것 같은 풍경이 펼쳐진다.

일반 쿠바인들은 나라 밖으로 나가 보는 것이 거의 불가능에 가깝다고
한다. 최근에 해외여행이 풀렸다고는 하지만 평균 월급 3만 원으로는 꿈
꾸기 힘든 일이겠지.

가이드에게 물었다.

"갇혀 있는 게 답답하진 않나요?"

싱긋 웃으며 그가 답한다.

"난 풍족하진 않지만, 내 나라가 정말 좋아. 비냘레스의 이런 풍경은 가
이드인 내게도 너무나 놀라워. 게다가 전 세계에서 사람들이 찾고, 그
사람들의 이야기를 듣는 것만으로도 난 이미 세계 곳곳에 살고 있는
걸."

Viñales, Cuba

어디를 가도 악기 소리와 사람들의 노랫 소리가 들린다. 그들의 삶 속에
녹아 있는 음악.

Viñales, Cuba

달콤한 도시, 트리니다드.

콜로니얼 타운(colonial town: 식민 계획 도시)답게, 페블 스트
리트(pebble street: 자갈로 이루어진 거리)를 따라 늘어선 알
록달록한 집들. 아바나와는 또 다른 느낌이다.

Trinidad, Cuba

땀을 뻘뻘 흘리며 도착한 나의 두 번째 까사. 아바나에서 만난 루카스와 라파엘이 알려준 곳이다. 생김새로 판단을 하는 건 옳지 않겠지만, '마귀할멈'이라는 표현이 너무나 잘 어울리는 아주머니가 반겨주신다.
"덥지? 시원한 주스 한잔 줄까?"
감사히 받아 단숨에 들이켰다.

알록달록 예쁘장한 이곳의 인상과는 다르게, 이 까사의 침구에서는 백 년 동안 빨래를 안 한 냄새가 난다. 베개에서 이렇게 끔찍한 냄새가 날 수 있다니….
머리에 비닐을 대고, 차렷 자세로 누워서 하룻밤을 자고 난 후, 이곳을 도망쳐야겠다는 생각밖에 안 든다. 마귀할멈 아주머니, 갑자기 내 방으로 들어오더니, 나의 카키색 긴팔 티셔츠가 예쁘다며 자꾸 만지작거린다. 갖고 싶다는 말에, 더욱더 도망쳐야겠다고 다짐했다.
다음날 이곳으로 올 거라는 친구들이 걱정이지만, 연락
할 방법이 없어 아쉽다.

짐을 싸서 나가는 길, 하루 숙박비를 드리는데, 뭔가 이
상하다. 이 추가 금액은 뭐예요? 물어보니 내가 처음에
와서 마신 주스 값이란다. 이런 마귀할망구 같으니라구!
라파엘과 루카스는 안타깝게도 이곳에서 이틀을 머물
렀는데, 이 마귀할멈은 자신의 어린 딸을 자꾸 이들의
방에 밀어 넣어 친구들을 당황시켰다는 후문이 들렸다.
'쿠바의 까사는 조심할 것!'

Trinidad, Cuba

쿠바 사람들의 소위 '삥 뜯는' 수법은 참으로 다양하다.
너무 어처구니없어 헛웃음이 나올 정도.

저기 모자 쓴 아저씨는 광장 한편에 앉아 주변에 있는
누군가를 그린다.
그러고는 다가가 그림을 보여 주며 툭, 말을 던진다.

"내가 너 그렸어. 얼마에 살래?"

Trinidad, Cuba

한참이고 바라볼 수밖에 없었던, 트리니다드의 선셋.
유난히 아름다웠다. 트리니다드의 하늘은.

트리니다드의 마요르 광장을 서성이던 중, 누군가 반
가운 한국말로 말을 건다. "한국인이세요?" 마귀할멈
의 까사에서 도망쳐 새 숙소를 찾아야 했는데 그래
서 더 반가운 동행이 생겼다. 알고보니 유명 여행작가
였던 남희 언니.

까사의 주인아저씨가 저녁식사를 하는 우리에게 이
야기하신다. "너희 나라 대통령이 돌아가셨대."
알고 보니 북한의 김정일이 죽은 날이었다. 쿠바에는
그의 죽음을 추모하는 조기가 낮게 걸렸다.

Trinidad, Cuba

체 게바라의 얼굴은 쿠바 어디를 가도 쉽게 찾을 수 있다.

관광객에게 그다지 유명하지 않아서일까, 유난히 더 살갑던 까마궤
이 사람들.
길을 물어보면 말끝마다, '미 아모르, 미 코라쏜(mi amor/내 사랑,
mi corazón/내 심장)'이라고 불러 준다.

레메디오스(Remedios), 쿠바에서 가장 강렬한 기억으로 남은 곳이다.

《론리플래닛》에 이렇게 쓰여 있었다.

"산타클라라 북쪽에 위치한 이 작고 조용한 작은 마을은 일 년에 단 하루 정신분열증을 겪는다: 크리스마스 이브의 축제날, 라스 빠란다스 (Las Parrandas)."

가는 교통 편이 마땅치 않아, 쿠바를 종횡무진 돌고 돌아 어렵게 도
착했다. 내가 레메디오스에 도착한 시간은 크리스마스 이브의 밤
아홉 시.

보디가드를 해 준답시고 양옆으로 서 있던 동갑내기 닭띠 친구들
루카스와 라파엘은, 몇 분 지나지 않아 소리를 질러 댔다.

"내 핸드폰!!!"

"털렸다! 돈이 없어졌어!!!"

맥주 한 병을 사는 데 30분이 걸린다.

우리는 과감하게 아바나 럼 한 병과 콜라 한 병을 들고 나왔다. 축제 분위기는 무르익고, 밤새 끝 모르고 이어진 불꽃놀이.

그리고…

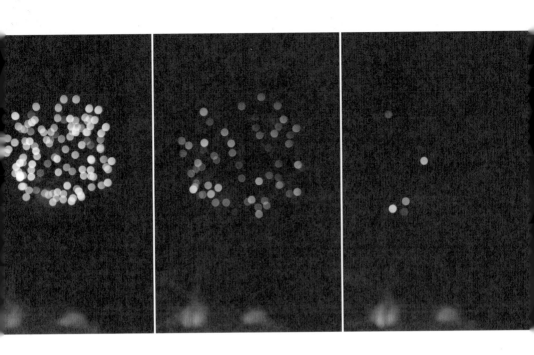

다음날 눈 뜬 후, 내게 남은 것들.
하늘을 수놓은 수백 장의 흔들린 불꽃사진, 불똥 맞아 시커멓게
타버린 왼발 그리고 기록으로 남지 않은 소소한 추억들.

마냥 행복했어, 잊지 못할 2011년의 크리스마스 이브
매년 크리스마스 이브엔 레메디오스와 이 친구들이 생각나지 않
을까?
가장 큰 선물은, 추억.

Remedios, Cuba

"My mojito in La Bodeguita, My daiquiri in El Floridita" (나의 모
히토는 라 보데기타에, 나의 다이키리는 엘 플로리디타에.)
- Ernest Hemingway(어니스트 헤밍웨이)

헤밍웨이가 사랑했던 라 보데기타에서 쿠바의 오리지널 모히토를
실컷 마셨다.
'이렇게 맛있어도 되는 거야?'
술 못 마시는 남희 언니도 한 잔, 두 잔…,
더불어 술 좋아하는 감자 오빠는 쉼 없이 한 잔, 또 한 잔,
또 또 한 잔…, 나도 루카스도 흥에 겨워 여러 잔.
이렇게 아쉬운 쿠바의 마지막 밤이 지나간다.
좋은 사람들과 함께였기에 더 그리운 쿠바다.

Havana, Cuba

공기에서 말똥 냄새와 함께 예술이 흐르는 나라 쿠바.

막연히 사회주의 국가라는 점에서 오는 편견 때문에 가졌던 생각
과 달리, 내가 본 쿠바는 가난하지 않았고, 그들의 마음은 더 풍
요로웠다.
다시금 느낀다. 행복은 가진 게 많아서 오는 게 아니라고.

Havana, Cuba

06.

유적과 시간을
바닥에 묻고,
지금을 살다
멕시코

하릴없이 어슬렁거리던 플라야 델 까르멘(Playa del Carmen)
의 5번가.
이 거리 중간쯤엔 세상에서 가장 맛있는 피스타치오 아이
스크림 가게가, 그 길의 끝엔 세상에서 제일 달콤한 카카오
가게가 있다.

문득 정신을 차려 보니 일주일이 지나가 있다.

침대가 푹신한 호텔에서 이틀간 호사를 누린 후, 길 건너 리
오(rio) 호스텔로 자리를 옮겼다. 호텔 숙박비의 반의 반도
하지 않는 저렴한 가격이다. 체크인을 마치고 이층침대가 다
닥다닥 붙은 12인실을 둘러보며 침대를 고르려는데, 리셉션
에서 부른다. 방금 지불한 숙박비의 반을 돌려준다. 얼떨결
에 받아든 돈을 손에 쥐고 묻는다.
"왜?"
"싫어? 우린 한국 사람을 좋아하거든."
그가 찡긋 웃는다.
'음, 싫을 건 없지….'
방으로 올라와 창가 2층 침대에 자리를 잡았다. 저녁이 되
니 옥상 바에서는 칵테일 한 잔씩을 무료로 준다.

'아니 이 호스텔은 이렇게 퍼줘도 장사가 되나?'

화장실을 찾다가 한글로 적힌 '화장실' 간판이 눈에 띈다.

'역시 한국 사람이 없는 곳이 없네.'

주방 테이블에 앉아 있으려니 이번에는 한국말이 들린다.

파룻파룻한 한국인 어린 친구 둘이 들어온다.

알고 보니 이 호스텔 사장님이 한국 사람이다. 이 호스텔에 찾아오는 한국 배낭여행자에겐 숙박료를 반만 받았다. '리오' 사장님은 우리를 데리고 다니며 동네에서 유명한 타코도 사 주시고 이런저런 이야기도 많이 들려주셨다.

Playa del Carmen, Mexico

툴룸의 거리에는 다이빙 강습을 하는 가게들이 꽤 많다. 한 곳을 골라 첫 다이빙 수업을 받았다. 수업 장소는 세노테 (cenote)라고 불리는 천연 석회암 물웅덩이다.

학창 시절 가장 자신 있는 과목이 체육이었던 나는 다이빙 을 쉽게 보았다.

바다로 다이빙을 가기 위해서는, 그전에 우선 기본적인 기 술들을 익혀야 한다. 그중에서 나를 궁지로 몰아넣은 '기술' 은, 수경 안의 물 빼내기. 물속에 들어가면 수경 안에 물이 차기 때문에 이때 물밑에서 수경을 살짝 들고 코로 숨을 세 게 불어서 물을 빼내야 한다. 그런데 당최 수경을 벗을 용기 가 나질 않는다. 마치 눈이 먼 채로 저승길로 끌려가는 것 만 같다. 어찌어찌 수경을 얼굴에서 들추면 그 안에 물이 들어차고 나는 그만 패닉에 빠져 버려 수면 위를 향해 발버

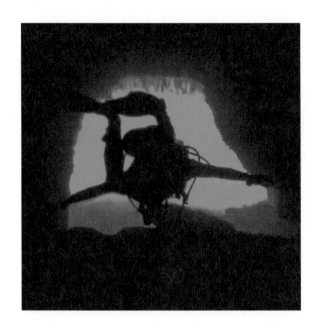

둥을 치고야 마는 것이다. 한 시간이 넘도록 '물속에서 수경
벗고 패닉'의 무한 루프에 빠져 버렸다.

"알라니스! 할 수 있어!"

그렇게 외치던 강사의 인내심도 바닥을 보인다.

이 물안경 놀이에 두 시간을 보낸 후, 결국 강사도 포기를
선언했다.

"알라니스, 아무래도 오션 다이빙은 무리인 것 같아. 내일이
랑 모레는 그냥 여기서 수영이나 하는 게 좋겠다."

한 번만 더 하자고 조르기엔 이젠 나도 탈진 상태. 물도 엄
청 마셔서 배가 부르다. 터벅터벅 호스텔로 걸어오는 길. 루
저가 된 기분이다. 내가 생에 대한 의지가 이렇게 강한 줄

몰랐다. 딱 한 번만 성공해 보면 할 수 있을 것 같은데, 그 한 번이 안 된다. 다들 유유자적 물아래를 휘저으며, 수시로 마스크를 들어 흥! 하고 코로 수경에 들어찬 물을 잘들 빼내던데….

다음날, 강사에게 용기를 내어, 다시 해보겠다고 얘기했다. 나는 의지의 한국인이니까.
'물속에서는 숨을 코가 아닌 입으로 쉰다. 수경을 벗어도 장님이 되는 게 아니다.'
속으로 계속 되뇌며 잠수를 했다. 수경을 들추자, 순식간에 그 안에 물이 가득 찼다.
"흥!!! 흥!! 흥!!"
눈을 떴다.
물안경 안이 깨끗하다! 물안경 건너편의 강사가 엄지손가락을 치켜든다. 성공이다. 무엇이든, 처음이 가장 어렵다.
다음날, 드디어 바다로 다이빙을 나갔다. 파도가 센 물 표면 아래 몇 미터만 내려가면, 전혀 다른 세상이 있다. 조류에 따라 리듬을 타는 수초의 움직임, 텔레비전에서나 보던 온갖 바나 생물들.
어느새 나는 다른 다이버들 사이에서 한 마리의 인어가 되어 있었다.

Tulum, Mexico

멕시코의 여러 곳을 여행하고 온 은초와 수미는 내 노트에
지도까지 손수 그려 주며, 생생한 알짜배기 정보를 건네준
다. 덕분에 나는 바로 여행 계획을 수정한다. 유카탄 반도에
서 2주를 지내는 동안 멕시코에 반해 버렸다. 이 매력적인
나라에서 더 머물기로 결정!
"언니, 아쿠말에 가면 엄청 큰 바다거북과 함께 수영할 수
있어요!"
며칠 사이 정들었던 귀여운 동생들은 코주멜 섬으로 떠났
고, 나는 아쿠말로 향했다.
스노클링 장비를 빌려 바다로 나갔다. 얼마나 헤엄쳤을까,
거대한 바다거북 두 마리가 내 옆으로 다가와 평화롭게 헤
엄치고 있다.

중력도 없고, 차별도 없고, 거리감도 없는 이 황홀한 기분.
존재한다는 것의 경이로움 그 자체!

꿈같다. 물이랑 친하지 않은 나에겐 정말 환상적이다. 바다
거북이와 거북이를 따라다니는 은빛 물고기들과 함께 유영
하는 동안 자연과 하나 되는 듯한 기분이었다.

그때, 덩치 큰 남자 하나가 바다거북의 등을 붙잡더니 신이
나서 흔든다. 이 자식, 나에게 카메라를 던져 주며 찍어달라
고까지 한다. 놀란 바다거북이는 도망치려고 발버둥을 친다.
'거북이를 잡고 겁주지 마세요.'라고 적힌 표지판 못 봤니,
이 멍청아!

마냥 흥분해서 거북을 흔들어 대는 멍청이 때문에 평화롭
던 나와 바다거북이의 아쿠말이 혼란에 빠졌다.

Akumal, Mexico

백주에 갱들이 총질을 하고 시도 때도 없이 사람을 납치한다는 악명 높은 멕시코시티. 플라야에서 만난 동생들의 추천으로 향하게 되었다.

칸쿤(Cancun)에서 멕시코시티(Mexico City)로 향하는 비행기에서 펠리페를 만났다. 당시 그는 짐을 몽땅 도둑맞았다. 남은 건 방전된 아이폰 하나. 나의 휴대용 충전기를 빌려 준 덕분에 그는 공항에서 자신을 기다리던 부모님과 연락할 수 있었다.

그의 아버지는 유명한 건축가였다. 우리는 함께 도시를 걸었다. 그가 가리킨 몇몇 건물에는 그의 아버지 이름이 새겨져 있었다. 모퉁이를 돌 때마다 만나게 되는 멋진 건물들. 펠리페 덕분에 건물들의 히스토리를 알게 되었다. 아버지를 따라 그도 건축가가 되었고, 지금은 시드니에서 살면서 매년 부모님 뵈러 고향에 온다고 한다.

우연한 만남이 친구를, 뜻밖의 도움을, 새로운 앎을 내게 가져다준다.

Mexico City, Mexico

"펠리페, 멕시코에서만 쓰는 스페인 말이 뭐야?"

"에스타 치도!(¡Esta chido! / It's cool! / 멋져!)

여긴 정말, 에스타 치도!!

산보른스 데 로스 아쑬레호스(Sanborns de los Azulejos)에서.

Mexico City, Mexico

프리다 칼로의 생가, 까사 아술(La Casa Azul).

그녀가 태어나 일생을 보낸 곳, 디에고 리베라와 치열하고 잔인한 사랑을 나누었던 곳이다.

그녀는 어릴 때 소아마비를 앓았고, 18세의 나이에 큰 사고를 당해 대부분의 시간을 엽서 속 침대에 누워서 보내야 했다. 침대의 천장에 거울을 달고, 자화상을 그리기 시작했다. 자신의 전시회가 열리자 침대에 누운 채로 전시장을 찾았다는 일화가 있다.

"이 외출이 행복하기를… 그리고 다시 돌아오지 않기를…."

삶의 고통에서 해방되길 갈망했던 그녀는 이 말을 남기고 생을 마쳤다.

Mexico City, Mexico

너무 맛있어서 심장이 두근거리게 되는 음식을 만나는
것도 여행의 큰 기쁨이다.

코요아깐 시장에서, 감동의 토스타다(Tostada).
입맛이 맞는 음식이 유독 많은 멕시코에서는 이 말을 자
주 외치게 된다.
"리꼬! 빤따스띠꼬! (Rico! Fanstastico! / 맛있다! 환상적이
야!)"

Mexico City, Mexico

멕시코시티 소깔로(Zocalo) 광장과 대성당.

스페인 사람들이 아메리카 대륙에 정착했을 당시 짓기 시작해 완공까지 200년이 넘게 걸렸다고 한다. 그 옆에는 템플로 마요르(Templo Mayor) 발굴 현장이 있다. 소깔로 근처 수로 공사를 하면서 저 성당 아래에 묻힌 고대도시의 일부가 발견된 것. 스페인은 '아즈텍'의 수도인 호수 위에 만든 도시 '테노치티틀란'을 모두 땅속에 묻어 버렸다고 한다. 멕시코시티는 그 위에 만들어졌다. 그 오랜 세월에 거쳐 만든 대성당은 약한 지반 위에 지어 버리는 바람에 계속 기울고 있어 끝없는 보수공사 중이다. 영화 〈모터사이클 다이어리(The Motorcycle Diaries)〉에서 마추픽추에 도착한 게바라가 편지에 쓰던 내용이 떠오른다.

'한 번도 본 적 없는 세상이 이렇게 그리울 수 있을까요? 어떻게 한 문명이 다른 문명을 이토록 무참히도 짓밟아 버릴 수 있을까요?'

스페인과 일본에서 잘 보존된 문화유산들을 접하면서, 타 문화에 대한 존경과 함께 파괴된 문화재들이 더욱 안타까워진다.

Mexico City, Mexico

멕시코시티에서 유난히 자주 들었던 말.

"Aqui es Mexico.(아끼 에스 메히꼬. / 여긴 멕시코야.)"

퇴근 시간의 만원 지하철을 탔다가 사람 사이에 끼여 내려야 할 역에서 못
내렸다. 황당한 표정을 짓자, 옆의 아저씨 한 분이 웃으며 말한다.

"Aqui es Mexico!"

그러자 주변 사람들도 이 말을 외치며 껄껄 웃는다. 나도 따라 웃어 버렸다.
매일 해질녘이면 소깔로 광장에서 국기 하강식이 펼쳐진다. 황금빛 하늘을
배경으로 유난히 음 이탈이 많던 군악대의 행진이 떠오른다.

Mexico City, Mexico

사람이 신이 되는 곳, 신들의 도시. 테오티우아칸의 달의 피라미드(Piramide del luna) 위에서.

숨 막힐 정도로 웅장한 이곳. '테오티우아칸'은 텅 빈 도시를 발견한 아즈텍 인들이 인간의 손으로 직접 지었다고 믿기 힘든 규모와 정교함에 놀라서 붙인 이름이라고 한다. 배경으로 아메리카 대륙에서 가장 크다는 해의 피라미드(Piramide del sol). 옆으로 지금은 산 자들이 가득한 죽은 자의 길이 보인다. 달의 피라미드에선 사람의 피와 심장을 바치는 제사가 치러졌다고 전해진다. 피로 물들었을 그 섬뜩한 신전 위로 땀을 뻘뻘 흘리며 올라, 고대 도시의 잔해를 조망하며 행복감에 젖는 내 모습, 어쩐지 아이러니하다.

Teotihuacan, Mexico

산 앙헬(San Ángel)

할머니의 낮은 음성과 석양이 한적한 거리 위로 나른
하게 깔린다.

Mexico City, Mexico

고기를 좋아하는 나로서는 천국 같던 곳, 와하까의
고기 시장, 11월 20일 시장(Mercado 20 de noviem
bre)*.

횟감을 고르듯 고기의 각종 부위를 고르면 그 자
리에서 바로 구워 준다. 자리를 잡고 야채와 살사
를 추가해서 먹는다.
시끌벅적한 분위기 속에서, 온몸에 배어 버린 고기
냄새에 쿵쿵거리다가 문득 한국이 그리워진다.

Ouxaca, Mexico

*이름이 특이한 11월 20일 시장. 이날은 멕시코 원주민들을 위한
 혁명을 기리는 날이라고 한다.

정든 멕시코시티를 떠나, 와하까로 가는 버스표를 샀다. 시간이 넉넉하군. 보고픈 이들에게 엽서를 썼다. 간식거리도 샀다.

버스 승강장에 왔는데, 뭔가 느낌이 이상하다.

"그 버스 저기 가는데?"

아니 아직 출발시간 5분 전이라구!!!!

날 버리고 가 버리는 버스를 보는 것도 황당한데, 모르는 도시에 깜깜한 밤에 도착하는 것도 어이없는데, 다음 버스표로 바꾸려면 티켓값의 절반을 다시 내라는 거다. 진짜 열받았다. 카운터에서 소리를 팩 질렀다.

"너네 손님 이름은 왜 받아? 손님 탔는지 체크하려고 받는 거 아니니! 게다가 난 늦지도 않았는데 버스가 먼저 떠나 버렸다구!! 지금 시계 봐봐!"

어라, 방금까지 단호하던 이 여자, 당황하는 눈치다. 조용히 다음 티켓을 건네준다.

멕시코에서도 목소리가 큰 사람이 이기나 보다.

버스 안에서 한숨 푹 자고 눈을 뜨니 와하까의 야경이 창밖으로 반짝인다. 늦은 시간이라 택시를 타고 게스트하우스에 도착했다. 어라? 멕시코시티 호스텔에서 같은 방을 썼던 리치를 만났다. 브라질에서 원하지 않던 아이가 생겨 졸지에 애 아빠가 되었다고, 한숨을 쉬던 그 녀석이다.

"이 호스텔에 네가 엄청 반가워 할 친구가 하나 있어." 하며 찡긋 웃는다.

다음날, 눈을 뜨니 건너편 침대에 인상 좋은 외국인이 유창
한 한국말로 인사를 건넨다.
"안녕하세요? 난 스티븐이야."

한국을 너무 사랑한 나머지 오른쪽 팔뚝에 거나랗게 태극
기 문신을 해 버린 미국인 스티븐이다.

Oaxaca, Mexico

산토 도밍고 교회(Iglesia de Santo Domingo de Guzmán)
앞에 늘어선 조각들.

Oaxaca, Mexico

산체스 파쿠아스 시장에서 아침으로 먹은 따말레*. 몰레(초콜렛+칠리)맛 따말레는 정말, 꿀맛이다.

멋진 식당보다, 시끌시끌한 시장바닥에서 쪼그리고 앉아 먹는 이런 맛이 때론 진짜라는 생각이 든다.

*따말레(Tamale): 옥수수반죽 안에 치즈나 고기를 넣고 옥수수 껍질로 싸서 쪄낸 음식.

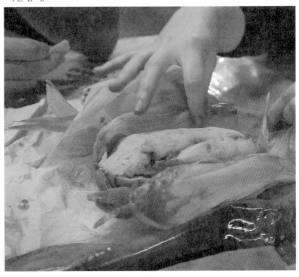

스페인어 공부를 핑계 삼아 날마다 까페놀이 하던 와하까 까페 거리
까페 끼오의 벽 한쪽에 쓰여 있던 말.

El café:

Negro como la noche, Caliente como el infierno, Puro como un
angel y fuerte como el amor.

(커피는:

밤처럼 까맣고, 지옥처럼 뜨겁고, 천사처럼 순수하고, 사랑처럼 강렬하다.)

안 마시고는 배길 수 없던 까페 끼오의 커피.

Oaxaca, Mexico

와하까를 떠나는 야간버스에서부터 심상치 않더니 몸살이 단단히 나 버렸다.
"혼자 있고 싶니?"
피곤해 보였는지 리셉션 아저씨가 묻는다.

6인실 도미토리에서 사다리를 타고 올라가면 작은 다락방이 나온다. 이곳이 앞으로 며칠간 내가 머물 곳. 이틀을 꼼짝없이 이 다락방에서 끙끙 앓았다.

지금 이 호스텔엔 나를 제외하고 모두 독일 사람이다. 힘을 내서 물이라도 마시려고 주방으로 내려가면, 내 귀를 가득 채우던 독일어….
몸도 힘들고 귀도 힘들다.

San cristobal de las casas, Mexico

이틀 만에야 겨우 샤워를 했다. 물이 닿는 것조차 부들부들 떨릴 정도로 몸살이 심하게 왔던 것. 수면양말이 있어서 참 다행이야.

우쿨렐레를 간만에 연습해 볼까 해서 꺼내는데, 평소보다 무겁다. 우쿨렐레가 살이 쪘나? 열어 보니 멕시코시티의 게스트하우스에서 만나, 함께 순대국을 먹으러 다녔던 괴짜 할아버지 데이비드가 나 몰래 베리 한 봉지를 넣어 두셨다. 내가 열심히 빼앗아 먹던 캐슈넛까지 한가득 섞어서.
고마워요, 할아버지.

San cristobal de las casas, Mexico

몸이 좀 나아지는구나 싶어, 치첸이샤에 갔다가 만난 한국인 모녀가 극찬했던 곳, 까뇬 데 수미데로(Canyon de sumidero)에 갔다. 풍경이 장관이다.

"나도 딱 네 나이일 때 세계여행을 떠났지. 그러다 호주에서 불같은 사랑에 빠졌단다. 그리고 그 여행은 호주에서 멈추게 되었어. 그 사람과 함께 있고 싶었거든. 너도 조심하렴!"

같은 보트를 탔던 디바가 점심을 먹으면서 해 주었던 말이 기억에 남는다.

Canyon de sumidero, Mexico

07.

산들도 외로워서
밤에는 내려오는 곳
과테말라

멕시코 산크리토발에서 국경을 거쳐 과테말라 파나하첼로 내려
가는 날.
미니밴의 앞줄에서 일본어가 들려온다. 아프고 난 후 왠지 사람
이 그리워진 나, 먼저 말을 걸었다.
"니혼진데스까?(일본인이세요?)"
그렇게 아홉 시간을 같이 보낸 작은 밴에서 일본인 부부 사치코
와 히데를 만났다.
여행이 주는 선물, 이런 인연.

La Mesilla, Huehuetenango, Guatemala

아띠뜰란 호수의 게스트하우스, 라 이구아나 페르디다(La iguana perdida, 길 잃은 이구아나)에 짐을 풀었다.

멀리 폭풍우가 다가오고 있다.

그날 밤, 바람이 지붕을 뒤흔들고 바람이 창문을 미친 듯이 두드렸다. 무엇보다 무서웠던 건 칠흑 같은 어둠과 7인실 오두막에 나 혼자라는 사실. 아이폰을 랜턴 대신 켜 놓고, 작은 스피커로 김광석의 라이브 앨범을 튼다. 오두막보다 더 떨고 있던 나를 그의 목소리가 지켜 준다.

짜장과 짬뽕 이야기, 붕어 이야기…. 여행 내내 듣고 또 들은 이야기들.

Lake Atitlan, Guatemala

십 년쯤 전, 유럽으로의 첫 배낭여행을 준비하며 나갔던 여행 동호회 모임이 떠오른다. 그날의 기억은 오롯이 단 한 사람뿐이다. 우연히 같은 테이블에 앉았던 한 언니. 중미의 과테말라라는 나라가 있는데, 그곳에 가면 배낭여행자들이 오래 머물면서 스페인어를 저렴하게 배울 수 있다고, 계획 없이 과테말라에 발을 들였다가 그곳에서 몇 달이고 머물렀었지 하며 여전히 꿈에서 깨지 못한 듯 이야기보따리를 풀어놓던 사람. 당시 커피는 자판기에서 뽑아 마시거나 우유에 섞여 나오는 것이어서, 지금처럼 커피 원두를 고르며 '과테말라'라는 지명에 익숙해지기 전이었다. 지명에서 느껴지는 거리감은 지구와 달의 거리만큼이나 멀었다. 내가 살면서 가 볼 수나 있는 곳일까? 그 먼 곳은. 오로지 여행을 위해 장기간 머물며 스페인어를 배우는 그런 말도 안 되는 자유로움을 누릴 기회가 설마 나에게도 있을까? 유럽여행 동호회에 나갔다가 중남미의 매력 전도사였던 그녀에게 이끌려 홍대 어느 골목의 살사 클럽까지 따라나섰던 밤이었다. 그녀의 얼굴도 이름도 기억에서 사라졌지만, 중남미를, 과테말라를 온몸으로 그리워하며 반짝이던 눈빛은 언제나 마음속에 남아 있었다.

그리고 십여 년 후, 내가 그 머나먼 과테말라에 서 있다. 문득 궁금해진다. 그녀는 지금 어디서 무얼 하고 있을까? 그토록 그리워하던 과테말라를 다시 찾을 수 있었을까?

Lake Atitlán, Guatemala

아띠뜰란 호수를 둘러싸고 있는 십여 개의 마을 중 하나인 산페드로.

산페드로 선착장을 따라 올라가면 왼편에 작고 예쁜 크리스탈리나스
커피집이 있다.
크리스탈리나스의 막내딸 가리스.
험프리에게 새 친구가 생겼다.

Lake Atitlán, Guatemala

적막하던 라 이구아나 페르디다를 탈출, 파나하첼로 돌아왔다.

일본인 주인의 게스트하우스 엘솔(El Sol)에서 사치코, 하하(본명은 히데, 하지만 연예인 하하와 닮아 주욱 하하라고 불렀다. 하하의 사진을 보여주자 사치코와 히데는 실망한 기색이 역력했다.)와 재회한다. 엘 솔은 일본 음식에 온천탕까지 갖추고 있는 숙소였다.

"어젯밤에 난 니가 시러져써!"

어디서 배웠는지, 소방차의 노래를 맛깔나게 부르는 하하와 함께 장을 보고 돌아오니 사치코가 소매를 걷어붙이고 야끼소바와 돼지볶음을 뚝딱 만든다.

흥겨운 음악에, 맛깔난 음식에, 정다운 사람에 잠시 외로움을 잊는다.

Panajachel, Guatemala

계속 셔터를 누르게 만드는 오묘한 매력이 있다. 아이같이 순수한 사치코.

그녀, 머뭇머뭇 다가오더니, "상미, 부탁이 있어"라며 말을 꺼낸다.

사치코는 고향의 한 라디오 프로그램에 일주일에 한 번씩 생방송으로 전화 연결을 해서 그간의 여행 소식을 전한다. 오늘 저녁에 있을 방송에 깜짝 게스트로 나와 줄 수 있느냐는 것. 간단한 의사소통은 해도 라디오에 출연할 정도의 일본어 실력은 아닌데.

"걱정 마. 디제이 중 한 명이 한국말을 할 줄 알거든."

그렇게 깜짝 출연하게 된 라디오 방송. 두근두근, 지구 반대편의 일본 라디오에서 나의 목소리가 선파를 타나니….

수화기에 대고 오랫동안 못 만난 그리운 친구에게 말하듯 그동안 어떻게 여행을 다녔는지 이야기했다. 예상하지 못했던 이런 해프닝. 덕분에 잊지 못할 솔 게스트하우스의 어느 밤.

Panajachel, Guatemala

"상미, 앞으로 오사카 사람을 만나면, 이걸 물어봐. 당신은 츠
코미입니까, 보케입니까?"

하하는 츠코미, 사치코는 텐넨보케(天然ボケ)*.

아이같이 천진난만한 사치코에게서는 사람의 본성을, 이런 저
런 조언을 던지는 하하에게서는 후천적으로 길러지는 이성을
본다. 지구촌 정반대편에서 만난 일본인 친구들은 수많은 인
간 유형의 축소판이다. 그래서 둘이 이리 잘 어울리는가.

Panajachel, Guatemala

---

*오사카 중심으로 발전한 만담(만자이)은 두 사람이 관객을 앞에 두고 대화로
웃음을 주는 무대극을 말한다. 그 두 사람이 'ボケ(보케)'와 'ツッコミ(츠코미)'
이다. 우리 식으로 보면 홀쭉이와 뚱뚱이 같은 캐릭터로 보케는 우스운 말과
행동을 하는 사람, 츠코미는 보케를 나무라는 캐릭터다. 텐넨보케(天然ボケ)
는 연기가 아니라 타고난 보케를 말한다.

빈대의 기록.

드디어 올 것이 왔다. 모기는 아닌데 뭔가 엄청 가렵고 통통 붓게 하는 것. 피는 온몸에 퍼져 있는 데도, 보물 숨겨 둔 곳간이 따로 있는 것처럼 한 곳만 집중적으로 물었다. 밤새 내 몸을 스멀스멀 기어 다녔을 걸 상상하니까 감전된 듯 소름이 쫙 돋는다.

이 녀석을 잡아야 편히 잘 수 있는데…. 결국에는 방을 바꾸었지만, 그래도 여전히 찜찜하다.

며칠 후, 다이어리를 펼치다가 새끼손톱만한 빈대를 발견한다. 지층에서 발견된 선사시대 화석처럼 납작하게 눌려 있다. '무슨 기록을 남기시려고 여기서 이런 상태로…' 징그러움도 잠시, 피식 웃음이 나온다.

Antigua, Guatemala

안티구아 근교의 작은 마을, 치치카스테낭고에서는 매주 두
차례 장이 선다. 어느 일요일 치치 시장에 다녀왔다.
마을 중심의 교회 앞에서는 마야인이 전통 종교의식을 치르
고 있다. 꽃을 태워 향을 피우고 화려한 전통의상을 입고 춤
을 춘다.
멍하니 바라보다 잠시 정신이 아득해진다. 난 누군가 또 여
긴 어딘가.

Chichicastenango Guatemala

08.

여행은 사람으로
기억된다
페루

여행을 떠나온 지 얼마나 되었을까
매일 아침잠에서 깰 때면
여긴 어디인가 누워서 생각해
그리고 아침을 먹으러 가네

친구도 만나고 좋은 구경도 하고
공부 걱정, 일 걱정 안 하는데
자꾸 생각나는 보고픈 사람들
이리로 가볼까 저리로 돌아볼까
이리저리 거리를 헤매다 문득 궁금해져
나는 나의 길을 가는가 내 꿈은 무엇이었나

라라라 라라라라 여행이 끝나고 나면
텅 빈 배낭 가득 찬 마음으로 집으로 돌아갈래
우리 집 냉장고 엄마의 된장찌개 아빠의 김치찌개
솥뚜껑 삼겹살에 친구와 소주 한잔
짜장면 짬뽕도 냉면도 먹고 싶다

　　　　　- 신치림(信治琳), 〈배낭여행자의 노래〉

이 노래를 듣고 내 생각이 났다는 친구의 메일이 반갑다. 들으면서 키득키득, 이거 완전히 지금의 내 이야기잖아. 그러다 문득 사무치게 그리워졌다. 당연했던 주변의 모든 것들이. 과테말라를 떠나 코스타리카를 들러 페루로 가는 긴 여정 중에 무한 반복.

Lima, Peru

리마의 해산물 요리는 입에 착 달라붙는다.

레스토랑들은 네 시쯤이면 문을 닫는다. 저녁이 아닌 점
심 중심의 외식 문화 덕분이다. 전날 저녁에 수확한 해산
물은 다음날 점심이면 모두 동이 난다. 어부들은 일요일
하루 휴식을 취하는데 이 때문에 다음날 월요일에는 식
재료가 바닥나서 문을 여는 해산물 레스토랑이 없다.
셰비체(오른쪽 위 사진)는 남미 여러 국가에서 맛볼 수 있
는 음식인데 페루인들 말로는 페루 셰비체가 최고라고.
바닥을 적시고 있는 하얀 국물은 호랑이 우유(Tiger's
milk)라고라고 불리는데, 시큼한 맛이 각종 해산물과 절
묘한 조화를 이룬다.

Lima, Peru

리마 게스트하우스의 주인 안젤로 할아버지
는 여행 중 만난 최고의 호스트였다. 모르는
게 없고, 안 챙기는 사람이 없었다. 3주의 휴
가를 내어 남미 여행을 함께하러 온 만닥 언
니가 싸온 김치를 즐겁게 나눠 먹기도 했다.

떠나는 날 아침, 뭔가를 내미신다. 전날 밤 먹
고 싶다며 중얼거린 간식이었다. 이른 아침
살그머니 나가서 사오신 모양이다.

암 투병 중이셨는데, 수다쟁이 아들 파코는
아버지 걱정이 이만저만 아니었다. 오래오래
건강하셨으면 좋겠다.

Lima, Peru

잉카 제국의 수도였던 쿠스코에 왔다.

영화 〈모터사이클 다이어리(The Motorcycle Dia
ries)〉 속의 아이에 따르면, 오른편이 '무능한 놈
들'이 세운 '병신 벽', 왼편이 그와 대조를 이루는
'잉카인'이 세운 '멋진 벽'이다.

Cuzco, Peru

주위를 돌아보니 미간에서 시작되는 화살코를
가진 얼굴들이 많이 보인다. 전통 복장을 하고,
새끼 야마를 데리고 다니며 손으로 만든 물건들
을 판다. 극심한 가난에 허덕인다는 토착민들이
다. 그들의 조상이 만들어 놓은 이렇게 웅장하고
멋진 곳에서, 따뜻한 음식에 편한 여행을 하고
있는 나는 감사해야 하는가, 부끄러워야 하는가.

Cuzco, Peru

마추픽추로 가기 전에 들리게 되는 전초기지, 아구아스 깔리엔테스.

자욱한 안개가 신비로움을 자아내는 작은 마을.

Aguas Calientes, Peru

오전 내내 겹겹이 구름에 두텁게 가려져 있던 마추픽추. 과연 저 구름들이 다 걷힐 수 있을까, 걱정이다. 구름에 숨었다 새초롬히 군데군데 모습을 드러내고는 다시 숨기를 반복한다.

너무나 가파르게 보이는 와이나픽추의 등반을 포기하고, 인티푸쿠에 다녀오기로 했다. 예정에 없던 산행 후 돌아오는 길, 영원할 것 같던 구름이 거짓말같이 걷히고, 마추픽추가 두 눈 가득 펼쳐졌다. 제일 좋은 자리를 잡고 한없이 바라본다. 오른편을 보니 말도 안 되게 커다란 무지개가 둥글둥글 하늘에 걸려 있다. 이건, 꿈일까?
오전 내내 겹겹이 구름에 가려 있던 마추픽추의 전경이 눈에 들어오는 순간, 어디선가 많이 본 장면이라고? 그렇다면 숨은 험프리를 찾아라!

Machu Picchu, Peru

09

천국으로 가는 길
볼리비아

티티카카 호수가 한눈에 들어오던 코파카바나의 숙소.

아무리 추운 밤도 벽난로 하나면 후끈후끈, 2층엔 낮
잠 자기 딱 좋은 해먹이 걸려 있다.

Lake Titicaca, Copacabana, Bolivia.

영화 〈미션(Mission)〉을 보다 잠들었다. 어디선가 들려오
는 양 울음소리에 문을 열고 나오니 꿈결 같은 풍경이
펼쳐진다.
여행을 떠난 지 반년이 흘렀지만 이런 풍경을 맞닥뜨릴
때마다 새삼 깨닫는다, 참 멀리 와 있구나.

Lake Titicaca, Copacabana, Bolivia

이 세상이 아닌 듯 순수하게 낯섦으로 다가오는 곳이
있고, 이곳 티티카카 호수처럼 이름에 매달린 그 기억의
꼬리표 때문에 마음을 뒤흔드는 곳도 있다. 그래서 더욱
특별했던 곳.
함께 오자고 약속했던 그 사람은 옆에 없다. 잘 살고 있
겠지?

Lake Titicaca, Copacabana, Bolivia

티티카카의 정적을 가르는 만닥 언니와 나의 노랫소리.

"I like Titicaca in March, how about you?"

프랭크 시나트라의 〈How about you〉를 부르며, 엘 미라도르(El mira-
dor)에 오른다.

티티카카, 바다 같은 이 호수는 어디쯤에서 파도가 칠까.

전 세계 수도 중 제일 높은 곳, 볼리비아의 라파스.

우유니로 가는 야간버스를 타기 위해 도착한 곳이다.
타국에서 나는 어쩔 수 없는 이방인이어서 현지인들의 틈바구니에서 외
로움을 피할 수 없는 순간들이 있다. 내가 속한 곳이 아니라는 생각이
들 때면 '향수병'이라는 게 찾아오는가 보다. 그러다가도 금세 나를 둘러
싼 익숙지 않은 사소한 것들에 매료되고 설레고 감사하게 된다. 여행자가
되면, 평소의 내가 아닌 새로운 내가 되어 나 자신의 삶을 바라보게 된
다. '여행자의 시점'으로 일상을 산다면, 참 좋을 텐데. 다시 못 볼 것처럼
세상을 볼 것이고, 언제 보았는지 모르는 것처럼 세상과 만날 텐데.
터미널 앞 수많은 불빛들이 별처럼 반짝인다.

La Paz, Bolivia

우유니에 도착했다.

투어를 예약하고, 소금호텔로 향하던 중 우연히 만난 우유니의 일몰.
그대 입이 있는 자여, 그러나 여기서는 잠시 말을 멈추길.
처음부터 입과 귀는 없었던 듯, 그대의 두 눈에 우유니를 아로새기길.

Salar de Uyuni, Bolivia

일몰의 우유니 사막을 끼고 소금호텔 루나 살라다(Luna Salada)가
자리 잡고 있다.

여장을 풀고 따뜻한 물에 샤워를 한 후 폭신한 침대에 몸을 눕는다.
우유니 소금사막의 지평선과, 지평선에 걸린 해 그리고 멀리 설산
이 창밖으로 펼쳐진다. 불 끄고 누워 하늘을 보니 별빛이 반짝거
린다. 자려고 눈을 감으니 마치 소금사막과 설산과 별빛이 쏟아지
듯 미샤 마이스키가 연주하는 바흐 무반주 첼로곡이 귓가를 가득
메운다.

Salar de Uyuni, Bolivia

우유니 투어 중 마주하게 되는 풍경들.
돌나무와 콜로라도 호수와 수많은 플라밍고 떼.

칠레 아타카마까지 내려갔다가 다시 볼리비아로 돌아가는 길.

우유니에 중요한 물건을 놓고 왔다. 이 핑계로 우유니를 두 번
째 찾게 되는 나는 행운아. 다시 넘는 칠레-볼리비아 국경.

Border of Bolivia & Chile

험프리, 달려!

우유니에 가면 으레 찍는 재미난 사진들.
햇볕이 강렬해서 조리개를 끝까지 조이고 찍어도 흔들
리지 않는다. 덕분에 원근감이 사라진 이런 사진도 가
능하다.

Salar de Uyuni, Bolivia

우유니 소금사막 한가운데 있는 소금호텔, 쁠라야 블랑꼬
(Playa Blanco, 하얀 해변).

열악한 시설이 대수인가. 우유니 밤하늘을 수놓는 찬란한
은하수와 숨 막히는 일출을 만나기 위해서는 꼭 하루 머물
러야 할 곳.

Salar de Uyuni, Bolivia

유카리가 말했다.

"나중에 내가 서른이 되면 상미 같은 서른이 되고 싶어. 파워풀하고 나이와
상관없이 친구가 될 수 있는 젊은 서른의 여자."
과분하다는 생각에 얼굴이 붉어졌다. 어린 친구에게 들을 수 있는 최고의
칭찬이 아닐까.
늘어가는 주름 하나마다 감사하며 사는 어른이 되고 싶다. 그런 삶을 살고
싶다.

Salar de Uyuni, Bolivia

일행을 깨우고, 캄캄한 어둠을 홀로 나선다. 한참을 걸었을까, 별빛이 소리를 죽이며 입을 다문다. 발끝에서 희미한 진동이 느껴지는 그 시각, 구름을 걷으며 땅 끝에서 불덩이가 탄생한다. 빛 무리가 하늘을 뚫고 어둠을 몰아내며 하늘과 땅이 하나가 된다. 밭은 숨을 거칠게 몰아쉴 때 때마침 헤드폰에서 시규어로스(Sigur Ros)의 〈아라 바투르(Ara batur / 노를 저어라)〉가 흐른다.

보고 있으면서도 믿어지지 않는 이 눈앞의 장관과 귓가를 울리고 심장을 진동케 하는 이 노래의 감흥이 합쳐져 한 번도 느껴 본 적 없는 황홀경을 만든다.

나는 어느새 덩실덩실 춤을 춘다. 순간과 현재의 화신 조르바처럼.

Salar de Uyuni, Bolivia .

"우리, 천국을 걷고 있어!" 카호가 옆에서 외친다.

천국을 앞두고는 국경 따위 사라질 줄 알았는데, 그 틈에서 또 발견하는 한
국기와 일본기.
저곳에 걸리는 국기는 세찬 바람 덕분에 금세 닳아 반쪽만 남게 되곤 한다.
놀라운 건, 여행자들의 실시간 업데이트로 꾸준히 새 태극기로 교체가 된다
는 것.

Salar de Uyuni, Bolivia

4륜구동차 뚜껑 위에 앉아서 우유니 사막을 달린다.
언제 다시 이런 풍경을 만날 날이 있을까?

우유니 일정 후, 다른 도시로 떠나는 일행을 버스 터미널에서 배웅하고 야
간열차를 타러 터벅터벅 돌아오는 길.
축제가 벌어지는 거리. 하얀 치마에 빨간 윗도리를 입은 아이들이 손에 촛
불을 들고 노래를 부르며 행진하고, 한 무리의 군인이 그 뒤를 따른다. 지나
가는 사람에게 무슨 행사냐고 물어보았지만, 총알같이 빠른 스페인어를 알
아듣지 못했다.
돌덩이 같은 배낭을 메고 축제 행렬을 바라보고 있자니, 이곳은 내가 몸담
고 있는 곳이 아니라는 생각과 함께 여전히 익숙해지지 않는 외로움이 찾
아든다.

Salar de Uyuni, Bolivia

정전으로 새카맣게 변한 우유니 중앙광장의 한 까페에서 유카리
가 손에 쥐어 주고 간 랜턴으로 빛을 밝히고 다이어리를 쓴다.
여행이란 놀라운 풍경과 짜릿한 경험의 연속이라지만 뭔가를 새
로이 아는 것보다는, 알고 있었지만 저 깊이 묻어 두고 있던 것들
이나 애써 외면하던 것들과 다시 만나는 시간에 가까운 것 아닐
까. 잊고 지냈던 수많은 나와 마주치는 소중한 시간들은 여행이
주는 큰 선물이다.

Uyuni, Bolivia

10.

바다와 함께 달리는
육지의 나라
칠레

칠레 산페드로 데 아타카마 거리.

마음에 쏙 드는 반지를 발견했다. 하지만 배낭 여행자에게는 사치다. 하루
에도 몇 번씩 가게에 들러 반지를 꼈다 뺐다 하다가 점원 앙리와 친해졌다.
우리는 살사에 대해서 이야기를 나누곤 했다.
앙리는 페루의 셰비체를 그리워했다. 리마에서 치위생사로 일하던 앙리는
어쩌다 보니 이곳 칠레 아타카마까지 흘러오게 되었다고 한다.
아타카마를 떠나기 전날, 앙리를 찾아갔다.
"이 반지, 나에게 선물하기로 마음먹었어."
"잘 생각했어. 내일 다시 볼리비아로 떠나지? 많이 추울 거야. 이 빨간색 스
카프는 아타카마의 친구가 주는 선물이야."

예쁜 터키석과 화산석이 섞인 구리반지 그리고 도톰한 빨간 스카프.
칠레 북부의 작은 마을 아타카마를 떠오르게 하는 작은 선물.

San Pedro de Atacama, Chile

어느새 여행자 포스가 물씬 풍기는 그녀와도 작별을 고할 시간. 체크인 라인에 서 있는 언니를 보니 마음이 아리다. 페루에서 볼리비아 칠레까지, 함께 보낸 지난 2주 동안 미안한 일도 많고 고마운 일 투성이다.

"책 안에 내 엽서 있어. 읽고 울지 마!"

한마디 던지고 휙 던지고 씩씩한 척 들어가는 만닥 언니.

천둥번개가 내리치던 밤, 버스 터미널로 가는 택시 안에서 언니의 엽서를 읽다 결국 눈물콧물 범벅이 되어 버렸다. 기사 할아버지가 묻는다.

"Ella es tu hernama?" (네 언니니?)

"Sí, ella es mi hernama." (네 우리 언니예요.)

언니의 따뜻한 위로 한방에 다시 여행을 계속할 힘이 솟는다.

Calama, Chile

여권을 한 장 한 장 넘겨 보니 각종 스탬프로 채워져 가고 있다. 스탬프마다 사람이, 기억이, 아련함이⋯.

칠레 칼라마의 볼리비아 대사관 앞에서.

볼리비아는 남미 국가 가운데 비자가 필요한 유일한 나라다. 볼리비아를 두 번에 걸쳐 찾게 된 데에는 이유가 있었다. 볼리비아 우유니 호텔에서 휴대폰을 잃어버리고 칠레에 도착했던 것. 집이랑 연락이 끊길지 모른다는 두려움도 한몫했다.

와이파이가 간신히 잡히는 어느 까페에 앉아 실낱같은 희망으로 우유니 소금호텔에 전화를 걸었다. 지지직, 수화기 너머 말소리가 뚜렷하지 않다. 휴대폰을 찾았는지 물었다. 찾았다고? 혹시나 하는 마음이었는데, 말소리마저 잘 들리지 않아 온갖 인상 다 쓰고 있었는데, 이런, 찾았다고?! 수화기 저편에서 밝은 음성이 들린다.

"안전하게 보관하겠습니다. 꼭 찾으러 오세요."

그렇게 해서 두 번째 볼리비아 비자를 받게 되었다

짧은 스페인어로 어렵사리 서류를 준비해서 입국심사를 받았다. 서류는 보는 둥 마는 둥 무엇 하러 왔느냐는 질문에 잃어버린 물건 찾으러 왔다고 하니 아저씨들이 허허 웃으면서 5초 만에 도장을 쿵 찍는다.

나도 참 어지간하다. 핸드폰 찾으러 비자 받고 국경을 넘다니. 그렇게 두 번째로 볼리비아 우유니 사막을 다녀오고 다시 아르헨티나 살타, 멘도사를 거쳐 칠레 산티아고로 입국했다.

Calama, Chile

168

'도저히' 한국 음식이 그리워서 못 살겠다.

밥이 그렇게 맛있을 수 없다는 남희 언니의 강력한 추천을 잊지 못하고 칠레 산티아고의 한 민박집을 찾아갔다.

무거운 배낭을 메고 다리를 질질 끌며 택시를 잡아탔다. 문을 열고 들어서니, 여행자들끼리 막걸리 잔을 돌리며 술판을 벌이고 있다. 장기간 혼자 다녀서인가, 우르르 몰려 있는 한국인들의 모습이 낯설기만 하다. 살짝 긴장한 상태로 '안녕하세요?' 하고 쭈뼛쭈뼛 짐을 풀러 들어간다.

세계 축제를 자기 두 눈으로 보기 위해 걸어서 세계여행을 하고 있
다는, 그래서 한국에 세계 최고의 축제를 만들고 싶다는 T, 강력계
형사님 L, JYJ의 남미 투어를 보기 위해 지구 반대편까지 날아온
A, 1년의 여행 그리고 수개월의 여행을 마치고 한국에 돌아간다는
J와 H, 그리고 이곳 칠레를 시작으로 브라질, 뉴욕, 인도에서 우연
히 마주치게 되는 H 언니까지 멋진 사람들을 만났다.

해남이랑 전복 사러 동네 시장으로 갔다. 칠레 전복은 무척 쌌다.
한 바구니 가득 사서 숙소로 돌아오니 주인 아주머니의 말씀, "그
건 전복이 아냐." 라빠스라는 전복의 탈을 쓴 해산물이라고.
하지만 라빠스를 넣고 끓인 너구리는 결코 잊을 수 없는 맛이었다.

Santiago, Chile

산티아고에서 몇 시간 걸리지 않는 바닷가 마을, 비냐델마르에 머물고 있는 사치코와 하하를 만나러 왔다. 일본인 민박집이라 나는 이곳에서 유일한 외국인이다. 그런 나를 위해 마음 좋은 주인아저씨는 햇살이 가득 내리쬐는 독방을 내어 주신다.

오키나와 전통 악기에 맞춰 노래 부르던 밤. 오키나와 어느 해변의 파도 소리처럼 잠시 칠레를 잊게 해 준 마법 같은 시간이었다.

즐거운 시간, 모두 감사합니다.

Viña del mar, Chile

'똑똑' 노크 소리에 잠이 깬 아침.

"상미! 아침 먹어!"

사치코가 준비한 아침식사를 마주하며, 다시금
감동이다.

어찌 그녀를 좋아하지 않을 수 있을까? 잠이 덜
깨 비몽사몽인 하하 또한.

Viña del mar, Chile

'그대 사랑하리, 발파라이소.
네가 품은 모든 것,
그리고 네가 대양에 발산하는 모든 것,
비록 너의 무심한 빛으로부터 멀리 떨
어져 있다 해도.'

(AMO, Valparaíso, cuantoencierras,
ycuantoirradias, novia del océano,
hastamáslejos de tunimbosordo.)

영화 〈모터사이클 다이어리(The motor
cycle diaries)〉에서 주인공이 발파라이
소에 도착하며 읊조리던 파블로 네루
다의 시구절.
수십 년을 매일같이 오르내렸을 아센
소르(Ascensor, 엘리베이터)를 타고 덜
컹거리며 가파른 언덕을 오른다. 시원
하게 한눈에 들어오는 항구, 세상의 모
든 색이 모여 있는 듯한 거리의 벽화들
은 발걸음을 즐겁게 만들어 준다. 모든
풍경이 작품이다.

Valparaíso, Chile

11.

여행중에 휴식의
점을 찍다
우루과이

햇살이 따스하던 새크라멘토의 하루.

Colonia del Sacramento, Uruguay

어릴 때 많이 하던 손가락 실루엣놀이.

해를 품은 여우,

그리고 여유를 한가득 품은 나.

Colonia del Sacramento, Uruguay

12

푸른 탱고의 나라
아르헨티나

야간열차를 타고 도착한 볼리비아와 아르헨티나가 만나는 국경지대.
볼리비아의 비야손(Villazon)을 지나, 아르헨티나의 라 끼아까(La Quiaca)에서 살타(Salta)행 버스를 탔다. 풍경이 통유리를 통해 한눈에 펼쳐지는 2층 버스의 맨 앞자리는 최고의 자리. 험프리도 창가의 한자리를 차지한다.
'또 한참을 가겠구나.'
느긋하게 마음먹고 밖의 풍경에 넋을 빼앗긴 채 몇 시간이 흘렀다. 마음 편히 자리를 잡고 몇 시간이 지났을까, 버스가 한 터미널에 멈춰 움직일 생각을 안 한다. 헤드폰을 빼고 뒤를 돌아보니 버스엔 아무도 없다. 정신없이 짐을 챙겨 내렸다.
분명 티켓을 살 때는 직행이라고 했는데….
후후이(Jujuy)에 내려서 다른 차로 갈아타야 한단다!
게다가 다섯 시간 넘게 기다려야 한다는 것이다!!
바로 갈아타려면 돈을 더 내란다!!!
아, 또 속았다.

만 24시간을 달려 드디어 살타에 도착했다. 버스에서 짐을 챙겨 내리는데, 문득 섬뜩한 기운이 뇌리를 스친다. 심장이 미친 듯 쿵쾅대고 눈앞이 캄캄해진다.

후후이에서 정신없이 버스를 갈아타던 사이, 창가에 매달려 날 바라보고 있던 험프리를 그만 놓고 내렸다. 그래…, 지금 생각해 보니 그때 거꾸로 매달려 있던 그 눈이 왜 그리 슬퍼보였던지.

어떻게든 찾아야 한다. 버스 터미널의 안내 데스크로 달려갔다. 당황해서 스페인어도 나오지 않는다. 직원들 중 영어를 할 줄 아는 사람이 없었다. 갑자기 버스에서 내릴 때 호스텔 호객을 하던 청년이 떠올랐다. '그 사람이 영어로 나에게 말했었지!' 정신없이 달려가 그 친구를 붙잡고 울먹이면서 제발 도와달라고 했다. 깜짝 놀란 그가 말한다.

"워워. 캄 다운(Calm down). 당신 지금 미친 사람 같으니까, 진정하고 여기 잠시 앉아 봐. 물 한 잔 마시고 얘기하자."

진정이 안 되는 가슴을 부여잡고, 그에게 말한다.

"나 너무나 소중한 물건을 후후이 터미널에서 갈아탈 때 버스에 놓고 내렸어. 제발 그 버스 회사에 전화해서 그 물건을 혹시 찾았는지, 지금 가면 찾을 수 있는지 물어 봐 줄래?"

"그 '물건'이 뭐니?"

차마 험프리라는 낙타 인형이라는 말이 안 나왔다.

일단 버스회사의 번호를 물어보자며 버스 터미널의 그 안내 데스크를 다시 찾았다. 같은 질문이 돌아온다.

"뭘 잃어버렸나요?"

머뭇거리자, 질문이 이어진다.

"지갑? 카메라? 여권?"

"……흐어, 낙타요, 낙타 인형이에요."

잠시 정적이 흐른다. 이어진 큰 웃음소리.

아니 인형을 잃어버렸다고 다 큰 어른이 운단 말인가. 당신들도 황당하겠지.

하지만 오랜 시간 혼자 여행하는 나에게 험프리는 너무나 소중한 길동무였다.

청년도 나를 어이없다는 눈으로 바라본다. 어찌 되었던 나의 절박한 몸짓이 안쓰러웠는지, 그 버스회사의 번호를 알아내서 여러 번이나 전화통화를 했다.

"헤이 코리안, 그 버스엔 낙타 인형이 없대. 안됐지만 포기해."

갑자기 달려 나와 울면서 잃어버린 낙타 인형을 찾아달라고 하는 미친 여자를 흔쾌히 도와준 이 사람, 너무 고맙다. 진정이 된 후, 뒤늦게 묻는다.

"이름이 뭐니?"

"내 이름은 앙헬(Angel)이야. 영어로는 엔젤이지. 하하하!"

험프리가 떠나면서 이 친구를 주었다.

Salta, Argentina

호스텔에 무거운 배낭을 던져 놓고 동네 공원 쪽으로 걸었다.
발길이 닿은 곳은 플라자 누에베 데 훌리오(Plaza 9 de Julio).

어디선가 탱고가 들린다.
들리는 음악소리를 따라가니, 공원 한편의 밀롱가에서 탱고
를 추는 사람들이 보인다.
그리고 그 한가운데 세상 모르고 곯아떨어진 개 한 마리.
이제야 실감이 난다.
아…, 여기가 아르헨티나구나.
내가 아르헨티나에 와 있구나, 꿈에 그리던 그 피아졸라*의
아르헨티나구나.

Salta, Argentin

*피아졸라(Ástor Piazzolla): 아르헨티나의 탱고 음악 작곡가이자 반도네온 연
주자이다. 누에보 탕고(Nuevo Tango)라 불리는 독창적인 아르헨티나 탱고의
시대를 열었다.

부에노스아이레스에 도착하기 전에 포르테뇨(Porteño, 부에노스아이레스 사람)를 먼저 만났다. 버스 터미널에서 만난 앙헬. 곧 그의 고향 부에노스아이레스에 가게 될 나를 위해 노천 까페의 티슈에 부에노스아이레스 지도를 그려 준다.

"Sos lo mejor que me paso en el dia."

(넌 오늘 나에게 일어난 일중 최고야.)

마냥 밝게 보였던 이 친구. 알츠하이머로 고생하시던 엄마를 곁에서 오랜 시간 혼자 지켜봐야 했었다고 한다. 이렇게 만나는 사람 하나하나, 알고 보면 아픔 없는 사람이 없다. 차이라면 그것을 어떻게 보듬고 이겨나가는 것만이 있을 뿐이다.

쓸쓸한 눈빛의 그가 말했다.

"넌 여러 가지로 소중한 걸 많이 가졌구나. 그런 네가 부러워. 나는 그다지 소중한 게 없어. 원하는 게 있을 땐 꼭 뒤늦게 이뤄지곤 했지. 항상 참고 살아왔기 때문인가 봐. 이젠 그러지 않으려고 해. 그래서 곧 네팔로 떠날 거야."

오래 곁에 있어도 도무지 속을 알 수 없는 사람이 있고, 짧게 스쳐갔어도 서로의 마음 깊숙이 들여다본 것 같은 강렬한 만남이 있다. 그가 그랬다.

여행에서 만나는 사람들이 더없이 소중하게 느껴지는 순간이 바로, 서로의 인생과 상처를 이야기할 때다.

그렇게 헤어진 우리는, 반년 후 태국 방콕에서 재회했다. 둘 다 좀 더 까무잡잡해진 얼굴로, 훨씬 더 환한 미소를 품고.

Salta, Argentina

세 곳의 와이너리 투어 중, 마지막으로 방문한 본판
티(Bodega Bonfanti)는 가족이 대를 이어 운영하는
소규모의 와이너리. 갤러리 같은 분위기였다.
아르헨티나 와인은 말벡이 최고라고 자부하던 주인

장이 열정 어린 눈빛으로 말했다.

"와인을 마실 때 감사하는 마음으로 즐겨 주세요. 모든 와인 한 병 한 병은 다르답니다."

와인의 맛은 재료나 제조 방식뿐 아니라 마시는 사람이 다루는 방법으로부터도 큰 영향을 받는다. 언제 마개를 개봉했는지, 어떤 온도에서 보관했는지에 따라 민감한 차이를 보이기 때문이다. 따라서 와인 한 병 한 병은 다를 수밖에 없다. 세상에 완벽히 닮은 사람은 없는 것처럼. 하지만 워낙에 술에 약해 그 다름을 즐기기 전에 취해 버리는 내가 아쉽다.

멘도사, 세계에서 여덟 번째 가는 와인 생산지라고 한다. 자전거를 빌려 타고, 와이너리를 돌아다니며 프리 와인 테이스팅이 가능하다.

갑자기 스쳐 지나가는 이름, 마르띤 오로(Martin Oro). 그는 내가 7년 전 남아프리카 여행을 할 때 우리 팀의 트럭 운전사이자 가이드였던 사람이다.

자신의 성 'Oro'는 스페인어로 '금'이라고 하는 그에게, 나의 성인 '김'도 '금'이라는 뜻이라고 하며 웃자, 우리는 국적은 달라도 같은 이름을 가졌다고 하던 사람. 내가 처음 만나 본 아르헨티나 사람이었다. 한 달 동안 이어진 캠핑 여행 중 어느 날 캠프파이어 근처에서, 나에게 '멘도사'가 어디에 있는지 아느냐고 물어보았던 것이 떠올랐다. 그는 모래 바닥에 나뭇가지로 남미 대륙을 그리며 자신의 고향 멘도사의 위치를 알려 줬다. 그리고 그가 그 모래 바닥에 짚었던 그곳, 그의 고향에 지금 내가 있다.

남미에서 트러킹 여행 사업이 꿈을 꾸었던 그는 지금 어디서 뭘 하고 있을까? 문득 궁금하다.

Mendoza, Argentina

초럭셔리한 와이너리 맞은편에 있는 소박한 동네 밥집.

와이너리의 식사 50달러, 동네 밥집의 식사 6달러.

Mendoza, Argentina

머릿속에선 이미 오토뇨 포르테뇨(Otoño Porteño: 피아졸라의 '부에노스아이

레스의 사계' 중 가을)가 흐른다.

꿈꾸던 도시, 부에노스아이레스에 도착했다.

황홀한 노을이 나를 맞는다. 여행은 쉼 없이 나를 설레게 한다.

Buenos Aires, Argentina

칠레에서 우루과이를 거쳐 부에노스아이레스에 도착한 늦은 밤,
나를 맞아준 산텔모(San Telmo, 부에노스아이레스의 한 지역)의 멋
진 로프트.

옅은 노랑 벽지와 옛스러운 전축, 완벽한 주방에 아일랜드 식탁. 계
단을 따라 위층으로 올라가면 새하얀 시스루 커튼이 가을바람에
살랑이고, 폭신하면서 사각거리는 침구가 깔린 큰 침대가 있다.

이 공간이 너무 좋아 밖에 나가 있는 시간이 아쉽다.

저렴한 멘도사산 말백 한 병에 근처 정육점에서 사온 두툼한 소고
기를 구워 곁들였다. 노점상에서 꽃 한 다발도 데려왔다. 거리의 레
코드 가게에서 산 탱고 CD를 크게 틀어 놓고 한껏 기분을 내본다.
여정 중에 누릴 수 있는 최선의 휴식, 아무것도 하지 않아도 나, 너
무나 행복하다.

그렇게 며칠간 칩거 생활을 만끽했다.

Buenos Aires, Argentina

산텔모의 일요 시장.

행복해 보이는 사람이 유난히 많아 보였던 건,
내 마음이 행복했기 때문일까.

벽화엔 카를로스 가르델의 얼굴이 가득하고,
사람들은 거리에서 탱고를 춘다.
여기는 부에노스아이레스!

Buenos Aires, Argentina

레코드 가게에도 산텔모의 색깔과 공기가 묻어 있다.

거리를 어슬렁거리다 모퉁이를 도니, 바 수르 (Bar Sur)가 보인다. 아, 이곳은 왕가위 감독의 영화 〈해피투게더(Happy Together)〉에서 보휘와 아영이 아슬아슬한 탱고를 추던 그곳이 아닌가.

산텔모와 사랑에 빠졌다.

Buenos Aires, Argentina

주제를 가지고, 정해진 시간 동안 부에노스아이레스의 일부 지역을 돌
며 사진을 찍어 공유하는 재미있는 포토루타(Fotoruta Buenos Aires)
에 참가했다.

그날그날 정해진 부에노스아이레스의 특정 지역을 자유롭게 돌아다
니며, 주제에 맞는 사진을 찍어 오는 것이 이 포토루타의 미션이다. 그
리고 다 같이 모인 장소에서 각자가 찍어온 사진을 함께 보며, 이야기
를 나눈다. 사진을 찍은 사람의 의도도, 보는 사람의 해석도 다양하다.
사람마다 매우 다른 시선을 가지고 있구나, 새삼 느끼게 된 시간.

Buenos Aires, Argentina

포르테뇨(Porteño)들은 사진기를 들이대면 흔쾌히 멋진 자세를 잡아
준다.
'남미의 파리'라고 불리는 여기, 파리의 '까칠함'은 빼고 '열림'은 닮아
있구나. 다행이야!

포토루타 중에 만난 볼리바르 스트리트의 청소부 아저씨.

Buenos Aires, Argentina

부에노스아이레스의 콜론 극장(Teatro Colón).

파리의 오페라 극장, 밀라노의 스칼라 극장과 함께 세계 3대 극장으로 꼽힌다.

다큐멘터리 영화 〈부에노스아이레스 탱고클럽〉의 주인공들의 〈부에노스아이레스 탱고 마에스트로〉라는 내한공연을 몇 년 전에 본 적이 있다. 1940~50년대의 탱고 거장들은 호호백발의 할머니 할아버지가 되어 있었다. 그들의 열정에 내 자신을 뒤돌아보았던 기억이 난다.

피아졸라와 탱고에 흠뻑 빠져있을 때, 친구에게서 빌려 본 피아졸라의 자서전. 그 두툼한 책 속, 피아졸라 인생의 무대였던 바로 그 부에노스아이레스에, 어린 피아졸라가 음악에의 꿈을 키웠다던 바로 그 콜론 극장에 왔다.

마음이 벅차다. 내가 바로 그곳에 서 있다는 것이.
감사하다. 이런 인생을 살 수 있다는 것이.

이날 본 공연은 '카르멘'.

Buenos Aires, Argentina

이곳에 처음 들어서는 순간, 그 누가 탄성을 지르지 않
을 수 있을까?

세상에서 가장 아름다운 서점, 엘 아테네오(El Ateneo).

오페라 극장을 서점으로 멋지게 개축했다. 극장의 모습
을 그대로 유지하고 있어 한껏 고풍스럽다.

Buenos Aires, Argentina

아르헨티나의 대통령은, 화이트도 블루도 아닌 핑크하우
스(Casa Rosada / 까사 로사다)에서 일한다.
야간에는 핫 핑크 빛 조명이 들어와 조금은 충격적이다.

Buenos Aires, Argentina

에비타(에바 페론, 국민의 사랑을 받았던 영부인)를 비롯하여 유명 인사들이
묻혀있어 명소 중의 하나로 알려진 레콜레타 묘지(Cementario Recoleta).

흐린 하늘, 곳곳에서 눈을 마주쳐오는 검은 고양이들 때문에 더욱 음산했
던 오후. 마치 저택의 입구같이 으리으리한 묘지들에 압도되어 버렸다.
덕분에 공포영화의 주인공이 된 느낌이다.
이곳에 묻힌 백만장자들의 으리으리한 무덤들에 탄성이 나오다가도 쓸쓸
해진다. 죽음은 모두를 평등하게 만든다는 데, 기분이 묘하다.

Buenos Aires, Argentina

라 보카(La Boca)는 처음 탱고가 시작된 항구지역이면서
사람들이 거칠기로 유명하다.

배에 페인트칠을 하고 남은 페인트로 그때그때 집을 칠해
놓은 알록달록한 건물들은 그대로 야외 갤러리가 되었다.
아메리칸 드림을 꿈꾸며 유럽의 가난한 이민자들이 모여
살던 이곳, 이민자들이 외로움을 달래려 항구의 사창가
에 몰려들었고 순번을 기다리던 사람끼리 추던 춤이 탱고
의 시작이 되었다고 한다.

내게 탱고는 세상에서 가장 관능적인 춤이다.

Buenos Aires, Argentina

탱고 경력 12년차인 숙소 주인 브리짓을 따라
가 본 로컬들의 밀롱가(Milonga).
꿈꾸는 듯한 표정으로 남녀가 뒤엉킨다. 같은
장소에서 각자의 세계에 빠진 표정이다.

Buenos Aires, Argentina

팔레르모(Palermo, 부에노스아이레스의 한 지역)의 유명한 스테이크 집, 라 카브레라(La Cabrera). 뙤약볕 아래에서 한 시간 반을 기다려야 했다. 기다리는 동안 나눠 준 샴페인에 어질어질해질 즈음, 차례가 왔다.

요 엄청난 고기 한입 맛본 후 그 환희란! 인생 최고의 소고기였다.

긴 기다림의 투덜거림을 단숨에 잠재워 버렸다.

'아르헨티나'하면 첫 번째로 떠오르는 것이 탱고와 피아졸라였다.

지금은?

'소고기'!

아르헨티나를 여행하는 동안, 하루도 안 빼고 소고기를 꼬박꼬박 먹었다.

몸은 무거워졌지만, 먹을 때만큼은 진심으로 행복했으니 '괜찮아!'

Buenos Aires, Argentina

운이 좋으면 부에노스아이레스의 오래된 전철을 탈 수 있다.

빈티지한 전등의 희미한 불빛 아래, 나무로 만들어진 삐걱거
리는 내부에 앉아 눈을 감고, 달리는 전철의 창문을 열고 세
월의 냄새를 맡아 본다.
과거를 달리는 기분에 넋을 잃어버렸다.

Buenos Aires, Argentina

교외의 마타데로 시장(Feria de Matadero)을 찾았다.

배는 고파 죽겠는데 휴일이라 그런지 ATM에서 돈이 안 뽑혀
종일 쫄쫄 굶어야 했다. 이대로라면 숙소로 돌아갈 차비도
없는 걸…, 큰일인데.

ATM을 찾아 헤매다 우연히 동네 카지노를 발견했다. 마침
환전소도 있다! 수중의 몇 달러를 페소로 바꾸고, 한 번 땡
겨 봤는데…. 갑자기 요란한 음악과 함께 반짝반짝 불이 들
어오고, 아래로 동전이 마구마구 쏟아진다.

올레!!!!!!!

Buenos Aires, Argentina

'Amor por Buenos Aires'

내가 꿈꾸던 모든 것, 그 모든 것의 이상을 느끼게 해 주는
부에노스아이레스.
이 도시는 정열과 퇴폐와 낭만의 아우라를 온몸으로 뿜어
낸다.

Buenos Aires, Argentina

13

웅장한 자연
생동하는 사람들
브라질

화창한 날씨가 더해져서 훨씬 더 멋졌던 브라질 사이드의
이과수 폭포.
"콰콰콰콰!"
폭포 소리에 두근거린다.

아르헨티나 사이드가 '느끼는' 이과수라면, 브라질 사이드
는 '관람하는' 이과수이다.

이과수 폭포의 압도적인 에너지의 파동을 온몸으로 느낄
수 있는 악마의 목구멍(Devil's throat). 그 언저리 어디엔가
이런 시구절이 써 있다.
Do not try to describe it in your voice.(당신의 언어로 묘
사하려 애쓰지 마시오.)

Foz do Iguacu, Brazil

쿠바 아바나의 말레꼰에서 마주쳤던 라파엘, 이 먼 남반구에서 다시 만났다. 부활절 기간에 남미 여행을 떠나왔던것.

그와 다시 안녕을 고할 시간이 왔다. 나는 브라질의 포르투 알레그리로, 라파엘은 리우 데 자네이루로 떠난다. 각자 다른 버스를 기다리며 터미널에 섰다. 그가 배낭에 매달려 있던 작은 나침반을 떼어내 배낭에 달아 주며 하는 말,

"이 나침반이 너를 좋은 곳, 좋은 사람에게 인도해 줄 거야. 앞으로 남은 여행도, 지금처럼 밝고 씩씩하게 하렴. 나중에 나랑 루카스가 있는 아일랜드의 궁전에도 들러 줘!"

(그에겐 스스로를 왕자라고 부르는 특이한 버릇(?)이 있다.)

포르투 알레그리로 가는 비행기 안, 여권을 꺼내려는데 툭하고 카드가 한 장 떨어진다.

"No road is long with good company."

(좋은 친구와 함께라면 어떤 길도 길지 않아.)

고마움과 미안함에 코끝이 찡해진다.

Foz do Iguacu, Brazil

예정에 없던 포르투 알레그리로 향한다.

작년 봄, 터키 이스탄불의 게스트하우스에서 만났던 윌리엄이 내가 남미에 와있다는 소식을 듣고는 선뜻 자기 집에 초대해주었다.

지구 반대편에서 손님이 왔다며, 온 가족이 반갑게 맞아 준다. 와 주어 고맙다며 머물고 싶은 만큼 쉬다 가라는 말에, 넙죽 "감사합니다." 하고 신세 지기로 한다.

그렇게 포르투 알레그리에도 또 하나의 가족이 생겼다.

Porto Alegre, Brazil

'브라질의 스위스'라고 불리는 그라마두 가는 길, 작은
차에 다섯 식구에 나까지 여섯이 끼어 탔다.
브라질에서 유일하게 눈을 볼 수 있다는 곳. 갑자기
차를 세우더니 내려서 반대편으로 가서 앉으란다.
"이제부턴 오른쪽이 풍경이 더 예쁘거든."
아빠가 찡긋 웃는다.

슬슬 또 한국 음식이 그리워진다. 음식들이 맛있긴 한
데, 영 느끼하다. 김치가 무엇인지도 모르는 브라질 가
족. 삐미앤따(Pimenta, 매운 고추)는 없느냐고 몇 번 찾
는 나를 보더니, 엄마가 빨간색 초콜릿을 쥐어 준다.
하, 매운 고추맛 초콜릿이다.

Gramado, Brazil

브라질의 '안녕'은 'Oi'. 발랄하게 '오~~이!' 하면 된다.
포르투 알레그리의 활기찬 주말의 중심가. 거리마다 각종
공연과 퍼포먼스가 가득하다.
이곳은 브라질에서도 문화발달 지수가 높은 곳 중 하나라
는 윌리엄의 자랑 섞인 코멘트!

Porto Alegre, Brazil

브라질의 수많은 음식을 제치고, 가장 기억에 남는 것은 이 핫도그. 감히, 세상에서 가장 맛있는 핫도그라고 불러 본다. 보통의 핫도그와는 사이즈부터 다르다. 어른 주먹 두세 개는 될 법한 크기에, 빵 안을 채우는 토핑의 수를 셀 수가 없을 정도이다. 토핑에 소시지가 파묻혀 보이지 않을 정도. 그렇게 수많은 맛이 기가 막힌 조화를 이루어 먹는 내내 황홀하다.

뉴욕 맨하탄에 가면 까페 하바나의 옥수수,
스페인 바르셀로나에 가면 끼멧이끼멧(Quimet y quimet)의 타파스,
브라질 포르투 알레그리에 간다면 비고쥐(Bigode)의 이 핫도그를 먹을 것.
지상 최고의 맛이다.

Porto Alegre, Brazil

시인 마리오 킨타나(Mario Quintana) 문화센터에 들어가 전시를
구경하던 중, 갑자기 익숙한 멜로디가 들려와서 집중하고 들어보
니 한국 노래!

주말에는 K-pop 파티도 있다고 한다. 브라질에서 한류를 만날 줄
이야.

씨스타의 노래와 섹시한 춤에 빠져 있던 다섯 소녀들.

Porto Alegre, Brazil

나를 처음 만나자마자 험프리의 팬이라며 우리 친구 험프리부터
찾던 유쾌한 파울로. 윌리엄의 절친이다.

도착한 첫날 시내 구석구석 다리가 아릴 때까지 데리고 다니며 포
르투 알레그리를 소개해 준 고마운 아이다.
윌리엄이 수업이 있다며, 파울로에게 나를 인수인계하고 간다.
한 시간짜리 서바이벌 포르투갈어 특강! 가장 아름다운 소리를 가
진 언어라는 포르투갈어, 발음이 참 어렵다.

어라, 윌리엄이 금세 다시 나타난다.
교수님에게 한국에서 친구 왔다고 얘기한 뒤 수업에서 바로 빠져
나왔단다.

Porto Alegre, Brazil

브라질에서 여자아이의 인생에 열다섯 번째 생일날은 결혼
식만큼이나 중요한 날이다. 공식적으로 소녀에서 여자가 되
었음을 축복하고 알리는 브라질식 성년의 날이다.
내 느낌엔 좀 빠르단 생각이 들기도 하지만, 그들의 발육상태
를 보면 이미 피어나는 청춘.

엄마는 어릴 때 너무 가난해서, 열다섯 번째 생일에 아무것
도 못했고, 그게 평생 두고두고 속상했다. 그래서 첫째 딸 아
리아쥐니의 생일파티는 아주 성대하게 열어 주었다고 한다.
"비디오 보여 줄까?"
집안의 세 모녀가 신이 나서 DVD와 사진첩을 가지고 온다.
파티가 무르익고, 화려한 왕관에 핑크색 드레스로 한껏 멋을
낸 열다섯의 아리아쥐니가 등장한다. 정말 아름답다. 마치
미스코리아 대회에서 왕관을 쓴 진의 행진을 보는 것 같다.

어느새 옆의 세 모녀, 이때가 떠올라 감정이 북받쳐 오르는지 눈물을 글썽인다. 결국 엄마는 울어 버렸다. 알아듣지는 못했지만, 아리아쥐니는 그런 엄마에게 '주책이야' 하는 것 같고, 막내 줄리아는 몇 년 후 다가올 자기의 열다섯 번째 생일을 꿈꾸는 듯하다.

"아리아쥐니, 남자친구 있어?"
이렇게 예쁜데, 없을 리 없다. 그녀, 수줍어하면서 얼마 전에 헤어졌단다. 그날 저녁 가족과 다 같이 식사시간, 아빠는 아리아쥐니는 재수 중이고, 연애는 한 번도 해 본 적이 없다고 민족스럽게 말씀하신다. 아리아쥐니와 눈이 마주쳤다. 그녀, 한쪽 눈을 찡긋 감는다.

Porto Alegre, Brazil

"나 브라질 음악을 정말 좋아해!! '톰 조빙', '주앙 질베르토', '까에따누 벨로주' 같은 사람들 말이야!"
"상미, 그런 음악은 하이클래스의 사람들이나 듣는 음악이야! 지금 우리의 영웅은 '미셸 텔로'라구."

'음악을 듣는 건 취향의 차이지, 클래스의 차이가 아니라구!'
속으로 생각했지만, 그들의 영웅이라는 미셸 텔로가 궁금해진다. 그의 최고 히트곡을 틀어 놓고 온 가족이 따라 부르며 흥에 겨워 난리가 났다. 그들의 떼창을 보고나니 호감도가 급상승한다.
그 후 브라질 여행 내내 난 뜻도 모르고, 그 노래를 입에 달고 살았다.
"노싸, 노싸, 아씸보쎄메마따~~~"

Porto Alegre, Brazil

*그 곡은 미셸 텔로(Michel Teló)의 당시 최고의 히트곡, 〈Ai Se Eu Te Pego〉였다.

너무 많이 받기만 했다. 내가 해드릴 수 있는 건, 부족한 실력으
로 만든 한국 음식뿐이다.

가족 모두 한국 음식을 본 적도 없다고 하니 어깨가 더욱 무겁다.
메뉴는 돼지고추장볶음, 소불고기, 해물파전.

일요일 당일로 그라마두(Gramado)를 다녀온 후 내가 저녁을 완
성한 시간은 자정이었다는.

그 커다란 눈을 반짝이며 내 옆을 맴돌던 줄리아, "줄~" 부르기가
무섭게 "예스?" 하며 달려온다.

이과수에서 만난 한국분이 챙겨 주신 김을 꺼냈다. 내가 하는 대
로 따라서 김에다 돼지고추장볶음이랑 밥을 넣고 싸먹는 줄리아.
더 들 지경까지 기다리느라 너무 배가 고파서였는지, 맛있다고 해
줘서 무지 뿌듯했다. 부디 그들의 첫 한국 음식 경험이 나쁘지 않
았기를.

Porto Alegre. Brazil

가우초*의 전통 춤을 보면서 슈라스코를 즐길 수 있었던 레스토랑.

수많은 아저씨들이 저 쇠꼬챙이를 들고 다니며 다양한 고기들을 계속해서 썰어 준다. 도저히 못 먹겠어서 "아, 제발요… 이제 그만…"이라고 할 때까지.
나의 훈남 브라질 친구들과 함께한 포르투 알레그리에서의 훈훈하고 배부른 마지막 밤이 지나간다.

Porto Alegre, Brazil

* 브라질에는 27개의 주가 있는데 각 주마다 출신 사람을 부르는 단어가 따로
  있다. 포르투 알레그리가 속한 리오 그란디 두 술(Rio Grande do Sul; 히우
  그란지 두 술) 사람들을 '가우초'라고 한다.

스페인어로 된 《어린 왕자》 책을 들고 다니며 공부하는 나를 보고, 윌리엄이 가족들의 편지를 담은 포르투갈 버전 《어린 왕자》를 건넨다. 그 안에서 윌리엄이 가장 좋아한다며 표시해 놓은 구절.

"Tu te tornas eternamente responsável por aquilo que cativas.(너는 네가 길들인 것에 언제까지나 책임이 있단다.)"

온갖 브라질 음식을 챙겨 주셔서 하루에도 몇 번씩 '사취 스페이또우(배부릅니다)'를 외치게 만들어 주신 부모님, 밥 말리와 레게를 좋아 하는 아빠, 맛있는 초콜릿을 만드시는 엄마. 나 때문에 아까운 연차까지 쓰고 내내 봉사해 준 고마운 윌, 걸어다니는 마네킹 아리아쥐니, 나에게 자기 방을 내어 주고 오빠랑 내내 같이 잔 귀여운 나의 조수 줄리아 브라질 사람들의 따뜻한 정을 느끼게 해 준 고마운 사람들이다.

예선 이스탄불에서 향수병에 걸린 윌리엄이 설명하려 애쓰던 그 말, 드디어 그 의미를 어렴풋이 알게 되었다.

"Saudade(사우다쥐)!"

Porto Alegre, Brazil

어느새 여행이 일상이 되었다.

상파울루에는 회사를 그만두고, 두 해 전 브라질로 떠난 다나가 있다. 내가 온다는 소식에 그녀는 흔쾌히 '언니, 좋진 않지만 내 방에서 지내!'라 답했다. 내가 도착한 날 마침 그녀는 영사관에 취업이 되어 한국에 잠시 다녀온다고 한다. 덕분에 그녀의 방은 열흘간 온통 내 차지다.

다나는 상파울루의 한인 타운 봉헤찌로(Bom Retiro)에 살고 있다. 열흘간 삼시세끼를 한식으로 완전 충전. 당분간 한국 음식에 대한 간절함도 달래주었고 무엇보다 몸도 튼튼해진 기분이다. 언제부터 내가 이렇게 한식에 집착하게 되었지? 하여튼, 무지 든든하다. 당분간 체력 걱정할 일이 없겠다.

다나의 방에는 프로젝터가 있었다. 그동안 못 본 영화를 하루에 서너 편씩 몰아서 봤다. 여행을 떠날 때만 해도, 여유롭게 영화 볼 시간도 많을 줄 알고 외장하드에 잔뜩 챙겨왔는데, 의외로 그럴 시간이 없었다.

옆방의 조선족 아주머니는 그런 내가 걱정스러우셨는지, 끼니때가 되면 자꾸 밥을 해서 챙겨 주신다. 나중엔 너무 죄송스러워 아주머니를 모시고 근처에서 맛있는 곱창볶음을 대접했다. 술 한 잔 곁들이니, 아주머니 살아온 이야기가 절로 나온다. 어린 나이에 결혼할 수밖에 없었던 이야기, 브라질로 흘러오게 된 이야기.
내 나이를 듣더니, 또 걱정이시다.
"늦기 전에 결혼을 한번은 해 봐야지! 해 보고 아니면 그만 두면 돼, 아가씨!"
지금의 인생이 너무 자유로워서 좋다는 아주머니는 곱게 화장한 얼굴을 붉히며 말씀하신다.
"그런데 요새는 조금 외로워요. 나이를 먹다 보니 연애하기도 쉽지 않아. 아가씨도 얼른 연애해야지!"

Sao Paulo, Brazil

상파울루에 도착하자마자 나를 반겨 준 커다란 우체국 택배 박스.

무엇보다 반가운 건, 두 번째 험프리다. 만닥 언니의 동생이 가지고 있던 험프리를 보내 주었다. 그녀의 험프리에게도 세상구경을 시켜 달라며.

몇 년 전, 중동 출장길에 험프리를 사와 나에게 안겨준 만닥언니. 내가 처음 그 험프리와 함께하는 이 무모한 세계일주 계획을 얘기했을 때, 누구보다 든든히 진심으로 응원해 준 고맙고 소중한 사람. 여행 내내 곁에 있는 듯 큰 힘이 되어 주었다. 어렵게 휴가를 내고 남미에 함께 여행하러 오기도 했다. 내가 중간에 필요한 물건들을 바리바리 싸들고. 언니 없이 내가 과연 이 여행을 무사히 할 수 있었을까? 최고의 종합선물세트를 지구 반대편까지 보내준 언니, 고마워요.

Sao Paulo, Brazil

리베르다쥐(Liberdade) 역의 일본인 타운. 일요일마다 서는 시장구경 갔다가 짬뽕 먹고 남은 2헤알로 새점을 봤다. 포르투갈어라 해석할 수 없었지만, 좋은 말일 거라고 믿어 버린다.

Sao Paulo, Brazil

멕시코에 메즈칼(mezcal)이 있다면 브라질엔 카샤샤(cachaça)가
있다. 카샤사로 만든 칵테일 카이피링야(caipirinha).

포르투 알레그리에 있을 때, 이걸 안 마셔 봤다고 하니 파울로
가 얼마나 놀라던지. 브라질에 와서 처음 본 칵테일인데 홍대
앞 바에서도 메뉴판만 잘 살펴보면 있다고 한다.

Sao Paulo, Brazil

브라질을 여행하다보면 심심찮게 보이는 창가의 흑인과부상. 브라질에선 누가 부러울 때, '팔꿈치 아프다'라는 표현을 쓴다. 남편을 잃은 과부가 턱을 괴고 창문 밖으로 연인들을 멍하니 바라보다 질투심을 느낀다는 얘기에서 생겨난 표현이라고 한다. 재미있는 비하인드 스토리다.

누군가가 부러울 때, 우리나라에선 배가 아프고,
브라질에선 팔꿈치가 아프다.

Sao Paulo, Brazil

브라질의 빈민가, 파벨라(Favela)를 돌아보는 투어에 참가
했다. 파벨라 중에서 비교적 안전하다는 리우 남쪽의 로
칭아 파벨라(Rocinha Favela). '작은 농장'이라는 뜻과는
달리 어마어마한 규모의 파벨라였다.

이곳에선 매달 경찰 진압으로 몇 십 명이 숙어나가고 있
지만, 영화 〈시티오브 갓(City of god)〉의 배경이던 리우
북부, 서부의 파벨라보다는 치안 상태가 양호하다고 한다.

Rio de Janeiro, Brazil

브라질 북부에서 나는 과일 아싸이(Açaí)로 만든 아이스크림.

다나가 처음 사 줬을 땐, 참 별로였는데 며칠 후엔 완전 중독
되어 버렸다. 하루에 두 번씩은 찾아먹어야 했다. 지금도 눈앞
에 아른아른하다.
그 후, 콜롬비아와 멀리 호주에서 비슷하게 아싸이를 파는 곳
을 발견하고 신이 났었지만, 본토의 아싸이 맛에는 비견할 바
가 아니다.

아싸이와 핫도그 때문에 브라질에 꼭 다시 가야겠다.

Rio de Janeiro, Brazil

그 유명한 안토니우 카를루스 조빙의 〈이파네마의 소녀(the girl from Ipanema)〉가 탄생한 곳, 가로타 데 이파네마(Garota de Ipanema).

이곳에서 먹은 탐스러운 꿀맛의 피까냐(Picanha). 소 엉덩이 고기가 먹기 좋은 크기로 그릴에 지글지글 구워져 나온다.

Rio de Janeiro, Brazil

다나가 알려 줘서 찾아간 바 비니시우스(Bar Vinicius). 마침 가
로타 데 이파네마 바로 건너편이다. 매일 여러 뮤지션들의 라이
브를 들을 수 있다.
비니시우스는 보사노바의 선구자로 불리는 시인이자 작사가다.
톰 조빙(브라질에선 안토니우 카를루스 조빙보다 톰 조빙이라고 더
자주 불리는 듯하다)이 작곡한 곡 〈이파네마의 소녀〉에 가사를
붙인 사람이다.

수능을 치르고 난 겨울, 큰엄마가 데려가 주신 일산 까페촌의 난롯가에 울려 퍼지던 마이클 프랭스의 〈안토니오 송(Antonio's song)〉의 선율은 아직도 기억이 생생하다. 그가 안토니우 카를루스 조빙에게 헌사하는 이 노래는 내겐 최초의 보사노바였다. 그 후 가수 윤상의 노래들, 그가 디제이로 있던 라디오 방송의 주옥같은 곡들이 귀에 들어왔다. 보사노바 곡들은 감성 충만했던 이십 대 초반, 어디로 튈지 모르는 나를 포근하게 감싸 안아 주곤 했다. 청춘의 기억이 가득한 보사노바.

톰 조빙의 '이파네마'가 있는 이곳에서 〈이파네마의 소녀〉를 듣는 일은 나에게 또한 너무나 황홀한 순간이었다.

여행은 과거의 나를 떠올리게 하고 현재의 나를 만나게 해 준다. 여행은, 중독이다.

Rio de Janeiro, Brazil

브라질 리우 데 자네이루에서,
홍콩서 태어나 런던에서 살고 있는 크리스와
한국에서 온 내가 만나 함께 먹은,
뉴요커가 주인인 레스토랑의 태국 음식.

얼마나 다국적 조합인지!
여기 세상이 모여 있네, 하며 웃었던 시간.

오늘은 삼바다.

어제 비니시우스 바에서 만난 한 브라질인 커플이 강력
하게 추천해 주었던, 바 세나리움(Bar Scenarium)을 찾
았다. 삼바의 열기에 한껏 달아오른 밤. 잔잔한 보사노
바에 취한 전날과는 또 다른 밤.
난 또 한껏 황홀해졌다.

Rio de Janeiro, Brazil

셀라론의 계단(Escadaria Selarón). 세계 각지에서 보내
온 타일로 만들어졌다. 다채로움에 입이 벌어진다. 평범
한 계단에 전 세계를 모아 놓겠다는 발상이 멋지다.

마침 멋진 포즈를 보여 주고 있는 귀여운 발레 소녀들.

Rio de Janeiro, Brazil

리우의 다운타운, 라파(Lapa)지구.

지금은 운행이 중단된 전차가 달리던 카리오카 수도교
가 인상적인 이 거리에서는 하루 걸러 파티가 열리는 듯
하다.

'삼바의 스릴과 드라마와 땀방울을 맛보고 싶다면 라파
로 가라. 진짜 삼바는 라파에 있다'는 말이 있다. 자정이
넘어가는 시간, 열기가 더욱더 뜨거워신다.

리우는 365일 파티 중.

살아 꿈틀거리는 도시다.

Rio de Janeiro, Brazil

리우 다운타운을 걸어다니다 사람들로 왁자지껄한 이 골목을 발견했다.

삼삼오오 모여 웃고 떠드는 인파를 뚫고 혼자 걷는다. 문득 밀려오는 이질감
과 서운함. 저들 무리에 끼어들어서 시원한 맥주 한 잔 나눌 친구가 간절했
던 밤.

Rio de Janeiro, Brazil

안토니우 카를루스 조빙 덕분에 익숙한 이름, 코르코바도(Corcovado). '코
르코바도'라는 간판을 보는 것만으로도 가슴이 두근거린다. 아이팟을 꺼내
촌스럽게 그 곡을 플레이하며 혼자만의 낭만 세계로 빠져든다.

코르코바도의 정상엔 리오의 상징, 예수상이 있다.
날씨 좋은 날 올라가겠다고 일주일을 기다렸는데, 결국 겹겹 구름으로 휘감
긴 예수상을 보고 말았다.

거대한 예수상과 사진 한 컷에 함께 나오려면 바닥에 누워서 찍어 줘야 한
다. 그래서 예수상의 발치 사방으로 사람들이 카메라를 들고 누워 있다.

Rio de Janeiro, Brazil

숙소에서 만난 덴마크 뮤지션이 알려 준 초로(Choro)* 공연
일요일 낮 11시마다 상살바도르 광장(Placa Sao Salvador)에
서 열린다.

브라질엔 삼바, 보사노바만 있는 게 아니다. 아프리칸, 스패
니시, 유럽의 이주민들과 토착민의 문화가 뒤섞여 수십 가지
의 음악 장르가 있다. 이 나라에서만 일 년을 있어도 지루할
틈이 있을 것 같지 않다.

Rio de Janeiro, Brazil

*초로(Choro): 브라질의 팝뮤직, 연주 음악이다. 19세기 리우에서 시작되
었다. 플루트, 카바키뇨(소형 4줄 기타), 기타 세 악기의 연주가 서로 주고
받듯이 진행된다. '울음' 혹은 '비탄'이라는 원래의 뜻과 상반되는 빠르고
즐거운 리듬을 가진다.

산타 테레사(Santa Teresa), 예술인들이 모여 사는 언덕.

Rio de Janeiro, Brazil

이파네마의 소녀는 연애 중.

Rio de Janeiro, Brazil

리우를 한눈에 내려다볼 수 있는 곳, 빵 데 아쑤카르(Pao de Açucar).

케이블카를 두 번 갈아타고 오른 '설탕 덩어리 산(빵 데 아쑤카르의 뜻)'의 위에서 바라보는 리우에 노을이 내려앉는다.

Rio de Janeiro, Brazil

살바도르(Salvador de Bahia).

포르투갈인들이 아프리카 흑인 노예들을 남미로 데려오는
항구였다. 남미 최대의 노예시장이었던 이곳, 그래서 브라
질에서도 흑인 인구가 가장 많은 지역이다.

살바도르의 명물 라세르다 엘레바도르(Elevador Lacerda;
1930년대 설치된 대형 엘리베이터). 평평한 살바도르가 두 지
역으로 나뉜다. 윗동네는 좀 잘 사는 마을, 아랫동네는 서
민의 마을.

Salvador, Brazil

살바도르의 구시가지. 마을 전체가 세계문화유산으로 지정되어
있나.

마이클 잭슨이 〈They don't care about us〉 뮤직비디오를 찍어
서 더 유명해진 곳, 펠로링요(Pelourinho) 광장이다.

빨강, 노랑, 초록의 인파를 상상했는데 길거리는 제법 한산했다.

Salvador, Brazil

흑인 비율이 가장 높아 아프로 브라질리언(Afro Brazilian) 문화가
가장 강하게 나타나는 곳, 살바도르. 도착한 첫날은 퍼커션 밴드들
의 거리 공연으로 밤새 온 마을이 둥둥 울려대는 화요일이었다.
터져나갈 듯한 에너지로 무장한 밴드가 거리를 휘저으며 돌아다니
는 동안 그 북소리에 맞춰 사람들이 약속이나 한듯 다 같이 춤을
추었다. 밤새 이어지던 군무.
너무 너무 너무 너무 너무, 즐거웠던 밤. 잊지 못할 거야!
나도 그 행렬에 끼어 어찌나 신나게 놀았던지. 언젠가 브라질에 카
니발을 보러 온다면 리우보다는 살바도르로 오고 싶다.
매주 화요일 저녁의 살바도르는 축제와 흥분의 끝을 보여 준다.

Salvador, Brazil

살바도르의 유명한 퍼커션 밴드, 올로둠(Olodum).

지 퍼커션 밴드에 와전이 완전히 반해, 대장 할아버지에게 퍼커
션 수업을 받기로 했다.

쉬워 보였는데, 내가 리듬감이 좋은 줄 알았는데, 손이 제멋대
로 돌아간다. 세상에 쉬운 일이란 없는 걸까….

Salvador, Brazil

거리의 아이들도 포스가 예사롭지 않다.

Salvador, Brazil

바히아 지역 전통 복장을 하고 있는 흑인 여인들이 길거리에 자주 보인다.

살바도르만의 독특한 분위기를 만드는 모습 중 하나이다.

아이러니하게, 최고로 좋았던 살바도르에서부터 긴 슬럼프에 빠져들고 있었다. 룩셈부르크에서 온 필립과 저녁을 먹으며, 이 여행을 떠나기 전에 얼마나 설레고 행복해 했었는지 자꾸 잊게 된다는 이야기를 했다. 정말 그렇다. 사소한 일에 짜증이 일어나고 예민해진다. 웃음도 잃어버린 것 같다. 얼마나 고대했던 여행인데, 깊은 고민 끝에 떠난 여행인데. 그 여행의 중간에 초심을 잃고 만사가 귀찮아졌다. 장기간의 여행에 몸은 금세 천근만근 늘어지고, 잠은 쉴 새 없이 쏟아진다.

Salvador, Brazil

14.

떤또 한 잔 같이
마시고, 친구하자
콜롬비아

브라질 살바도르에서 상파울로를 경유, 콜롬비아 보고타 행 비행기
에 올랐다. 난 창가에 앉는 게 좋다. 짐칸에 배낭을 올리고 좁은 좌
석 사이를 들어가 앉았다. 아. 뭔가 시원한 느낌! 좌석에 앉는데 의
자의 천에 맨살이 닿는 느낌이다, 설마.

너덜너덜 늘어난 검정 티셔츠를 한껏 아래로 잡아 내리고 화장실로
뒤뚱뒤뚱 걸어갔다. 지난 5년 동안 아껴온 이 까만 진의 가랑이가
보기 좋게 틀어져 있다! 남들은 배낭여행하며 힘들어서 살이 쭉 빠
진다는데, 나는 불어난 엉덩이가 바지를 찢어 버렸다. 이럴 수가….

Bogota, Columbia

남미 대륙을 가로질러 살바도르에서 보고타로
날아온 다음 날 아침, 호스텔에 있는 커피를 한
잔 따라 마셨다. 졸린 눈을 확 떠지도록 만든 그
놀라운 커피의 맛이란….

콜롬비아에서는 진한 아메리카노를 띤또(Tinto)
라고 부른다.
"띤또 한 잔 같이 마시고, 친구하자!(Tomémonos
un tinto, seamos amigos)"라는 말이 있을 정도
로, 띤또에 애정을 갖고 있다.

Bogota, Columbia

보고타의 볼리바르 광장(Plaza de Bolivar).

시내의 구시가지인 라 깐델라리아(La Candelaria)의 중
앙광장이다.

볼리바르 광장에 유난히 많던 야마. 오랜만에 봐서인지
반갑다. 반가운 내 맘과는 달리 주인들이 야마를 대하
는 태도는 살갑지 않다.

저 귀여운 야마가 피곤했던지 꾸벅꾸벅 졸자, 주인은 풀
스윙으로 야마의 따귀를 날렸다.

Bogota, Columbia

콜롬비아의 작은 시골마을 비야 데 레이바(Villa de leyva)에서의 첫 식사.

각종 감자, 옥수수, 콩을 넣고 푹 끓인 닭죽, 아히아코(Ajiaco), 콜롬비아 보고타 지방의 대표음식이다.

TV에서는 폭탄 테러에 대한 뉴스 특보가 나오는 중이다. 우리가 방금 떠나 온 보고타 버스 정류장에서 벌어진 사건이다…!

Villa del Leyva, Columbia

게스트 하우스 리셉션 엘라의 바람에 나부끼던 파마머
리가 예뻐 보여, 그녀의 친구가 한다는 동네 미용실에
갔다. 이 작은 마을에 한국 사람이 나타났다는 소문을
듣고 한 소녀가 잔뜩 흥분해서 찾아온다.
"내가 한국 사람을 만나다니! 샤이니 알아요? 이 노래
알아요? 이게 무슨 말이에요?"
소녀는 파마하는 내내 곁에 딱 붙어서 나도 모르는 최
신 K-pop을 들려줬다. 더듬더듬 한국 낱말도 풀어놓는
다.
"한국 남자는 정말 이렇게 생겼어요?"
이런 귀여운 아가씨 같으니라고. 콜롬비아 여자들이 다
샤키라* 같진 않잖아?

*샤키라: 콜롬비아가 낳은 세계적인 가수, 섹시 디바로 유명함

'파마 약을 바른 지 한참이 지났다. 약을 씻어 낼 때가 지난 것 같은데…'

서서히 조바심이 올라오는데 동네에 단수가 되었단다. 독한 파마 약에 머리는 자글자글 타들어가고, 멀리 어딘가에서 퍼온 양동이물로 뒤늦게 씻어 냈지만, 빗질조차 안 되는 수세미 머리가 되어 버렸다.

넉살 좋은 미용사가 한마디한다.

"파마하기 전이 더 낫네요."

배낭여행 중에 웬 팔자에도 없는 파마를 하겠다고 욕심을 낸 걸까… 후회 가득한 마음으로 숙소 가는 길, 팔자 늘어지게 누워 나를 쳐다보는 개 한 마리.

Villa del Leyva, Columbia

여행을 하다 보면 참 많은 사람을 만난다.

이보다 완벽한 여행 친구가 또 있을까, 미카. 여행을 함께하며 24시간 내내 모든 걸 함께하는 건 사실 상당히 피곤한 일이다. 평소에 너무나 잘 맞던 친구와도 조금씩 마음 상하는 일이 생기기 마련이다. 미카와 나는 '따로' 또 '같이'의 호흡이 너무나 완벽히 맞는 파트너였다.

보고타 근교의 씨파키라 소금성당의 입구에서 우연히 마주친 그녀. 아프리카에서 봉사활동 후에 캐나다로 돌아가기 전 남미에 여행을 왔단다. 아프리카에서 단돈 천 원에 몇 시간이나 걸려 만든 드레드 머리로 첫인상이 강했지만, 알수록 재미있고 귀엽다.

버스 터미널로 함께 가는 길, 내 메모리카드의 함께 찍은 사진을 보면서 이것도 저것도 맘에 든다며 "위! 위!(Oui, Oui)"를 연발하던 마지막 모습이 선하다.

마법의 윙크로 내 마음을 무장 해제시켜 버리던 스물다섯 퀘벡 아가씨 그녀의 이스라엘식 모닝 토스트가 그립다.

Villa del Leyva, Columbia

일주일간 함께했던 미카는 보고타로 돌아가고, 나는 평화롭고 아기자기하다는 바리차라로 향한다.

몸이 으슬으슬한 것이 몸살이 온 것 같다. 버스에 앉아 오들오들 떨고 있는 날 보고는 옆자리 아주머니가 내 손을 잡으신다. 손이 차다며, 부끄럽게 내 발도 잡아 보시더니 연신 비벼 주신다. 이제 나도 제법 스페인어로 의사소통이 된다.

버스 안 사람들의 시선이 내게 집중됐다. 뒷자리의 아저씨가 주머니에서 종이를 꺼내 뭔가를 열심히 적더니 슬쩍 건네주신다. '바리차라에서 먹어야 할 음식' 목록이다. 랜턴을 켜서 책을 읽으니 눈 아프지 않으냐며 걱정 어린 눈으로 나를 바라본다.

버스를 갈아타기 위해 내리는 나를 따라 한 아주머니께서 내리신다. 낯선 곳에서 헤매지 말라며 갈아탈 버스에까지 데려다주셨다. 정이 넘치는 곳이네. 몸은 떨고 있었지만 마음은 따뜻했다.

San Gil, Columbia

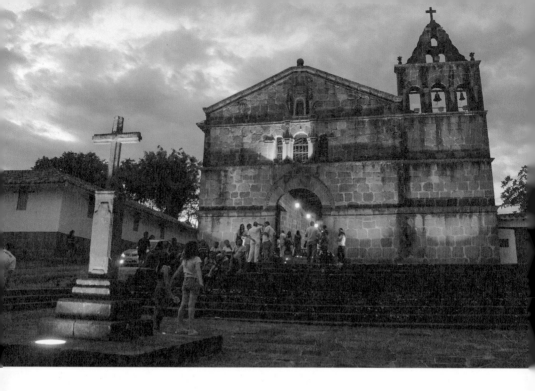

작은 마을 바리차라.

느린 걸음으로 한 시간이면 충분히 돌아볼 수 있다.

해가 뉘엿뉘엿 질 즈음, 언덕 위 한 교회에서 결혼식이 열리고
있었다.

Barichara, Colombia

볼레로의 그림이 가득 걸려 있던 식당.

버스에서 만나 아저씨가 적어 주신 '바리차라에 가면 먹어봐
야 할 음식 리스트' 덕분에 입이 호강했다.
콜롬비아에서 먹은 스프는 하나도 빠짐없이 내 입에 맞았다.
아파도 식욕은 줄지 않아 다행이다. 빨리 나을 수 있겠지?

Barichara, Colombia

내 방 창밖의 풍경.

예약한 사람이 오지 않아, 운 좋게 경치 좋은 싱글룸을
얻었다.

몸살로 방에서 이틀을 끙끙 앓았지만 나쁘지 않았다.

Barichara, Colombia

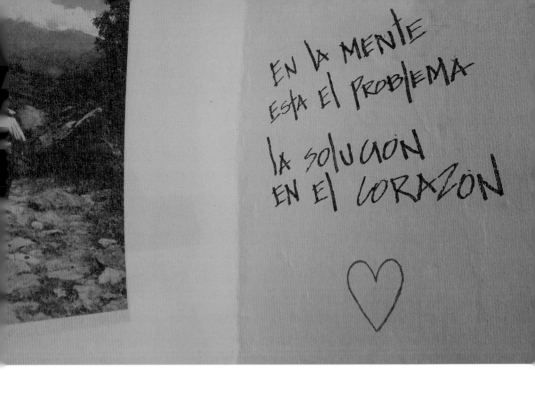

'문제는 머릿속에 있어. 해답은 마음속에 있지.'

그러니 마음이 시키는 대로 따를 것.

Barichara, Colombia

바람과는 달리, 이번 몸살은 지독한 감기로 이어졌다.

밤새 기침을 심하게 해서 도미토리에서 여러 사람에게 민폐를 끼치고 말았다. 보고타에서의 마지막 밤은, 비싸더라도 모두를 위해 싱글 룸에서 자기로 했다.

방안에 가득한 수십 마리의 모기를 잡고나니 지쳐 버렸다. 짐은 내일 아침 공항 가기 전에 싸야지. 커튼을 치고 암흑같이 어두운 방에서 오랜만에 푹 잤다.

'아직도 칠흑같이 어두운 새벽인가? 기분이 이상하다. 몇 시지?'

손목시계의 시간을 확인한 순간, 침대에서 스프링처럼 튀어올랐다. 9시 반. 뉴욕행 비행기 탑승 두 시간 전이다. 공항에 있어야 할 시간에 눈을 뜨다니.

전속력으로 리셉션으로 달려 나갔다.

"택시! 택시!!!! 두 시간 후에 탈 비행기가 있어요!"

호스텔 사람들도 함께 당황했다.

"설마 국제선인가요? 짐은 싸 놨겠죠?"

"아니, 나 어젯밤에 방에서 모기 잡다 지쳐서 짐 하나도 못 쌌어! 그니깐, 라피도, 라피도! 택시~ 포르 파보르!(Rapido, rapido! taxi Por favor / 빨리, 빨리! 택시~ 제발!)"

정신없이 짐을 싸고 나가니, 택시는 다행히 5분 만에 잡혔다. 샤워는 커녕 세수도 못하고 택시에 탔다. 함께 허둥지둥 택시를 잡아 준 호스텔 사람은 내가 놓고 가는 건 없는지 걱정이다. 그에게는 택시를 잡기 전부터 "무차스 그라시아스!(Muchas gracias! / 정말 고마워요!)"를 백 번이나 외치면서 급하게 떠났다.

그 와중에서도 난 호스텔의 아침을 못 먹고 떠나는 게 아쉽다.

출근시간이 지나 다행히 차는 막히지 않고 도착했다. 아침에 눈 뜬 지 단 40분 만에 공항에서 체크인까지 마쳤다. 기적이다. 조금 전까지 눈앞이 캄캄했는데, 후안 발데스(Juan Valdez, 콜롬비아의 국민 커피가게)에서 카푸치노와 빵을 주문하는 여유를 부리는 내 모습에 웃음이 나온다.

비행기는 연착에 연착을 거듭하여 예정 시간보다 훨씬 늦은 밤이 되어서야 뉴욕에 도착했다.

Bogota, Columbia

15

나침반이 필요 없는
사람들의 도시
뉴욕

까페 하바나(Cafe Havana)의 이 옥수수 때문에 숙소도 근처에 잡았다.
하얀 코티자 치즈가루 옷을 입은 잘 익은 노오란 옥수수에 붉은 빛깔
칠리 가루를 솔솔 뿌린 후 상큼한 라임 몇 방울로 마법은 완성된다.
놀라운 연금술이 빚어 내는 환상의 맛!

이번에 새로 알게 된 사실.
까페 하바나의 본점은, 멕시코시티(Mexico City)에 있다는 것! 이럴 수가
진작 알았으면 꼭 가 봤을 텐데!

New York City, USA

10여 년 전 오스트리아 비엔나의 한 허름한 호스텔에 머물던 날
이었다. 갑작스레 찾아온 몸살감기에 한참을 앓다 힘겹게 눈을
떴다. 건너편 침대에 반짝이는 눈빛으로 한 소녀가 날 바라보고
있었다.

당시의 나는 자발적 초짜 여행자, 싸이싸이는 비자발적 여행자였
다. 대학교를 졸업하고 무엇을 해야 할지 몰라 무작정 배낭을 메
고 유럽으로 떠났다는 것이다. 농장에서 일을 하면서 진정 하고
싶은 게 무엇인지 고민해 볼 예정이라던 길 잃은 어린 양이었다.

다음 해, 우리는 뉴욕에서 다시 만났고, 새벽까지 뉴욕의 구석구
석을 데리고 다니는 나에게 "너 정말 대단하다!"를 연발했던 그
녀, 큰 눈을 반짝거리며 "첫 키스의 기분은 어떤 걸까?" 꿈꾸던
그녀는 어느새 8년 차의 뉴요커이다. 현실 앞에서 자꾸 작아지는
나를 되려 북돋아 주는 든든한 사람이 되어 있다.

뉴욕은 나침반 없이도 당당할 수 있는 사람들에게 잘 어울리는
도시인지 모른다. 아마도 나침반이란 건 처음부터 없는 것인지도
모른다. 그걸 아는 사람들의 도시, 뉴욕

중남미 여행을 무사히 마치고 온 나를 축하해 주기 위해 멋진 쿠
바 레스토랑(Son Cubano)에서 저녁을 대접하는 모습에서는 든든
한 언니를, 놀리타(Nolita)의 한 클럽에서 "우리… 벌써 9년이야…"
라며 울먹거리는 모습에서는 순수한 소녀의 모습을 본다.

New York City, USA

"카놀리 먹어 봤니?"

"아니. 그게 뭐야?"

"세상에서 제일 맛있는 이탈리아 디저트"

맨해튼 5번가의 한 명품 매장에서 동료로 만난 세 사람, 전직 라디오 DJ 크리스토퍼, 전직 댄서 이브라함, 이제 그곳에 사표를 던지고 패션 공부를 위해 파리로 떠나는 싸이싸이 그리고 한창 세상을 헤매고 다니는 나, 넷이 만났다. 소호와 놀리타를 거닐며 즐거운 시간을 보냈다. 오래된 이탈리안 디저트 가게 '페라라 베이커리(Ferrara Bakery)'로 크리스가 우리를 이끈다.

과연, 그곳의 카놀리는 꿀맛이었다.

New York City, USA

16

사람이 그리워요
보고파요
뉴질랜드

초등학교 동창 성안이는 요리사가 되어 있다. 이민 온 지 17년 만에 처음 방문한 친구라며 극진한 대접이다.

"뭐가 제일 먹고 싶어?"

긴 시간 여행한 날 위해 고향의 맛을 보여 주겠다며 김치찌개를 만들어 주었다.

Auckland, New Zealand

오클랜드 동물원의 가을.

Auckland, New Zealand

뉴질랜드 북섬의 끝.
레이나 곶의 라이트 하우스.

Cape Reinga, New Zealand

로토루아 여행.

왜 이렇게 외로운지. 나에겐 없을 줄 알았던
슬럼프에 허덕인다.
몸도 천근만근. 장기여행에 체력도 바닥이
났는지, 콜롬비아에서 시작된 감기몸살이
낫질 않는다.
중남미의 저렴한 물가에 익숙해 있다가 이
곳에 오니 살인적인 체감물가까지.
삼중고.

Rotorua, New Zealand

안녕, 오클랜드.

Auckland, New Zealand

17.

넌 만나게 해 주어 고마워
호주

해질녘 시드니 하버브리지에 오르는 브리지 클라이밍을
했다. 마침 비비드 시드니(Vivid Sydney)라는 빛의 축제
중이라, 시드니 하버엔 세상의 모든 컬러가 모여 있는 듯
하다. 몇 시간에 걸친 안전교육 후에 하버브리지의 정상
에 올랐다. 온몸을 휘감은 하버의 열기에 꿈을 꾸는 것
만 같다.

Sydney, Australia

먼 타지에서 만난 친구 현실. 그녀와 함께 오페라 하우스 바에
서 하버브리지를 바라보며 흥에 겨워 있는데… '띠리링' 문자가
왔다.

'Where are you?' (어디니?)

'Hi, I'm having a beer with friends near Opera house.' (안녕.
나 오페라하우스 근처에서 친구들이랑 맥주 마셔)

'You look good in green' (너 초록색 잘 어울리네)

'Hey? What?!' (응? 뭐라구?!)

고개를 드니 건너편 테이블에, 반년 전 칸쿤에서 멕시코시티로
가는 비행기에서 만난 펠리페가 웃으며 서 있다. 믿을 수 없어!

Sydney, Australia

272

내가 살면서 만난 여자 중에 가장 멋진 사람 중 하나, 7년 전 아프리카 여행 때 만난 그녀, 쉬린이다.

쉬린이 요가할 때 입던 옷이라며 나에게 내민다.

"상미, 인도의 신 가네샤(Ganesha)는 '장애물의 제거자(the Remover of Obstacles)'라는 의미가 있어. 너무 고민하지 마, 이겨 낼 수 있을 거야."

그녀와, 그녀가 준, 가네샤 티셔츠를 입은 나. 탁 트인 바이런 베이를 배경으로.

Byron Bay, Australia

브런즈윅의 거대한 팔라펠. 맛있다. 세상엔 맛있는 게 너무
많다.

울룰루의 일출과
카타츄타의 일몰

Ayers Rock, Northern Territory, Australia

만닥 언니가 중간에 보내 준 책 중 하나, 파울로 코엘료의 《알레프》 덕분에 시베리아 횡단열차를 타고 싶어졌다. 여행 후 일상으로 돌아와 기말고사 준비에 여념이 없는 페드로 옆에 앉아, 난 눈치 없이 세계지도를 폈다.

"페드로, 나 시베리아 횡단열차를 타러 갈까 봐. 이 책 때문에 가고 싶어졌어. 바이칼 호수도 보고 싶네. 하지만 그 안에 뛰어들 자신은 없어. 하하하. 새하얀 설원을 가르는 열차, 십 년 전에 본 〈러브 오브 시베리아(The Barber Of Siberia)〉라는 영화가 생각나. 너무 낭만적일 것 같지 않니? 그럼 일단 비자를 영국쯤에서 받아야 할 것 같은데… 러시아 비자를 해외에서 받는 게 쉽지는 않은가 봐. 아일랜드에 있는 친구들에게 연락을 해 봐야겠어. 근데 고민이야… 아이슬란드도 가고 싶고, 에딘버러의 페스티벌도 꼭 보러 가고 싶거든. 리우 데 자네이루에서 만난 여자애가 프린지 페스티벌 이야기를 해 줬는데 정말 낭만적이겠더라. 하지만, 내가 좋아하는 인도에서는 꽤 오래 있어야 할 것 같고, 배낭여행족들의 블랙홀이라는 파키스탄의 훈자마을도 가고 싶어. 탄자니아의 세렝게티 공원에도 가보고 싶고, 잔지바르에서 하릴없이 한 열흘 어슬렁거리고 싶기도 해. 네가 했다던 킬리만자로 등반에 도전해 보고 싶기도 하고, 우간다에서 고릴라와 교감을 나누고도 싶어. 아, 근데 칠레에서 만난 친구가 세계일주 후에 가장 기억에 남는 곳으로 중국의 시골마을을 꼽았

거든. 그런 멋진 중국을 그냥 건너뛸 수는 없을 것 같은
데… 아, 나 어떡하지?"

지도 구석구석을 가리키던 손가락을 따라다니며 나의 투정
아닌 투정을 듣던 그가, 가만히 웃는다.

"상미, 너 정말 행복한 고민을 하고 있구나. 세상에 얼마나
많은 사람이 살면서 지금 네가 하는 고민을 해 볼 수 있을
까? 세계지도를 펴고, 네가 가고픈 곳이 어디든, 마음만 먹
으면 떠날 수 있는 그런 여행. 세상에 네 손 안에 있는 것
같은 여행. 다시없을 거야. 매 순간을 즐기렴."

'카르페 디엠(Carpe diem)'
모로코에서 페드로와 작별 인사를 하던 날 마지막으로 그
가 나에게 남기고 갔던 말이다. 이 순간을 알알이 느끼고
감사하고 즐길 것. 다시없을 순간이니까. 눈물이 날 것 같다.

갑자기 페드로가 한마디 던진다.
"아, 근데 진짜 너 너무한 거 아니야? 난 이렇게 회사 다니면
서 공부한다고 고생하고 있는데. 부러워서 공부가 안 되잖
아!"

Sydney, Australia

이날 밤, 슬라이드 카바레의 트랜스젠더 아줌마는 나의 눈을,
마음을 온통 흔들어 놓았다.
영화의 주인공이 튀어나온 듯했다.
춤을 추고 눈을 맞추고 나에게 말을 건다.
매력적이다. 그녀.

Sydney, Australia

타즈매니아 호바트의 아찔한 미술관, 모나(MONA, museum of old and new art).

이보다 더 쿨한 미술관이 있을까? 발상의 전환이 주는 신선한 충격. 예술과 성, 정치 그리고 일상 그 모든 것을 볼 수 있다 해도 과언이 아니다. 이곳에서는 관객과 아트의 거리를 느끼지 못하겠다.
다른 사랑, 다른 울림으로 모나를 가득 메운 백만 번의 'I LOVE YOU'

Hobart, Tasmania, Australia

웰링턴 산 정상에 올라 호바트를 한눈에 담아 본다.

Hobart, Tasmania, Australia

시드니 오페라히우스에서 민닌 스패니시 기타 공연. 오케스트라 협
연으로 그동안 클래식에 목말랐던 나에겐 단비 같은 공연이었다.
배낭여행 중에 만나는 특별한 공연, 감사!

Sydney, Australia

18.

괜찮아, 괜찮아, 괜찮아
태국

상쾌하던 시드니에서 비행기를 탄 지 반나절만에 어느덧 공기에서 물방울
이 묻어 나올 듯한 습한 곳에 도착했다. 여기는 태국, 방콕.

공항에 내려 입국장을 나서자, 저 멀리에 커다란 덩치 앙헬이 신이 나서 손
을 흔든다. 손에는 장미 한 송이가 들려 있다. 귀여운 녀석.
아르헨티나에서 만났던 그는 아시아의 매력에 흠뻑 빠져 버렸단다. 볼리비
아 우유니에서 만난 일본인 여자 친구와 함께 방콕에 머물던 중, 내가 여길
온다는 소식을 듣고 마중 나온 것이다.

카오산 로드의 한 싸구려 숙소에 짐을 던져 놓고, 거리로 나왔다. 듣던 대로
과연 카오산은 혼돈의 거리구나.
몇 달 전 지구 반대편 버스 터미널에서의 인연이 이곳에서 이어지는 게 믿
기지 않아, 서로를 바라보며 배시시 웃어 버린다.
너도, 나도, 그때보다 많이 행복해진 것 같아, 분위기에 취해 물 담배를 물
고, 시원한 맥주에 커다랗게 건배를 외쳐 본다.

방콕에 도착한 다음날, 다시 공항으로 향한다. 막내동생과 한 달간 함께 여행하게 되었다. 오랜만에 보는 동생, 설렌다.

비행기가 도착했다는 표시가 뜨고, 혹시나 놓칠까 싶어 화장실도 꾹 참고 기다리는데…. 한 시간,

웬만한 한국 사람들은 다 빠져나간 것 같은데…. 두 시간,

점점 설렘이 걱정으로 바뀌고, 세 시간을 지나 네 시간이 되었다.

'뭔가 잘못된 거야. 누가 동생을 잡아간 걸까?'

온몸에 식은땀이 흐르기 시작한다. 괜히 눈물이 난다. 공항에 안내방송도 여러 차례. 항공사에 확인해보니 분명히 비행기도 탔고, 방콕에 내렸다고 하는데… 이 녀석 전화도 받질 않는다.

'어떡하지? 이제 겨우 중학생인데… 설마, 설마 혼자 숙소에 찾아간 걸까?'

함께 어쩔 줄 몰라 하던 공항직원이 숙소에 전화를 걸어 준다. 어둡던 그의 표정이 환하게 바뀐다.

'이 녀석! 어떻게 혼자 가 버릴 수가 있지!'

공항에서 자정이 넘는 시간까지 오도 가도 못 하고 패닉에 빠져있던 나, 안도감도 잠시, 화가 머리끝까지 차오른다.
택시를 타고 숙소에 도착하니, 이 녀석, 내 마음은 아는지 모르는지, 에어컨을 빵빵하게 틀어 놓고는 침대에 누워 신나게 노래를 흥얼거리고 있다.
'아… 앞으로 한 달, 쉽지 않겠구나.'

방콕 도착 3일째. 지난 늦가을, 마드리드의 호스텔에서 만났던 웡이 마침 방콕으로 출장을 왔다. 마드리드의 프라도 미술관을 찾아 벨라스케스의 〈시녀들(Las meninas)〉에 얽힌 이야기와 라벨의 〈죽은 왕녀를 위한 파반느(Pavane pour une infante défunte)〉를 함께 들었던 친구다.
그렇게 앙헬, 웡, 내동생과 나 넷은 또 어둠이 내려앉은 광란의 카오산 로드에 모였다. 동생은 아르헨티나 사람도, 말레이시아 사람도 신기한 모양이다.
"술은 어른에게 배우는 거야."
어른 셋의 술자리에 낀 막내, 겁 없이 음료수 마시듯 맥주를 들이킨다.
잠시 후 이 녀석은 웡에게 업혀 실려 가고, 나와 앙헬은 허리가 끊어져라 웃어젖혔다.
'부모님, 죄송합니다.'

Bangkok, Thailand

방콕에선 심심할 겨를이 없다. 다들 한 번씩은 간다는 수상 시장으로 향했다. 역시 시간에 쫓기는 단체 투어는 쉽지 않다. '난 누굴까, 또 여긴 어딜까' 좁은 수로를 뒤덮어 버린 배 한 척에 멍하니 앉아 있는데, 맞은편에서 오는 배에 낯익은 얼굴과 눈이 마주친다.

'어디서 본 사람이지?'

기억을 더듬는 사이, 서서히 스쳐 가다가 번뜩 떠올랐다! 회사를 그만 둘 당시, 팀의 신입사원이었던 U양이었던 것이다. 살짝 늦은 타이밍에 머릿속 벨이 울린 건 그녀도 마찬가지였던 모양이나.

두 눈을 동그랗게 뜨고 "어어!" 서로 가리키며 황당해 하는 사이 배는 유유히 가던 길을 간다.

Bangkok, Thailand

야간열차 침대칸을 타고 도착한 치앙마이.

치앙마이에는 나의 초등학교 친구, 다운이가 살고 있
다. 멋진 태국인 남편과, 너무나 귀여운 아들 포피앙
과 함께.

다운이는 치앙마이에서 제일가는 맛집과 예쁜 까페
로 부지런히 나를 안내했다. 나중에 알게 되었지만,
그때 그녀는 둘째 피앙포를 임신한 상태였다. 힘들었
을 텐데, 고마워, 고마워.

Chiang Mai, Thailand

이 예쁜 까페의 주인이 직접 만들었다는, 세상에
하나뿐인 작은 노트를 샀다.
내 여행의 하루하루를 들려주고픈 사람이 생겼다.

Chiang Mai, Thailand.

빠이는 내가 항상 상상해 왔던 '걱정 없이 숨기'에 최고로 좋은 곳이었다.
할 것들이 너무 많은 곳에선 고민에 빠진다. 무언가는 꼭 해야 할 것 만 같
은 강박이 생겨나는 것이다. 그렇지 않아 좋다, 빠이.
하릴없이 해먹에 누워 낮잠을 자고, 동네를 어슬렁거리다가 국수 한 그릇
말아먹고, 바삐 움직이는 사람이 오히려 어색해 보이는 곳. 그렇게 시간이
멈추어 버릴 것 같은 곳.

동생이 꽤 재미있는 노래를 들려준다. 싸이의 신곡이란다. 그 노래에 맞춰
함께 우스꽝스러운 춤을 추며 즐거운 밤을 보냈다. 그 노래와 춤이 얼마 지
나지 않아 세계 어느 나라를 가도, 보고 들을 수 있게 되었다.

Pai, Thailand

I am falling in Love with Pai.

마음에 쏘옥 들었던 작은 마을 빠이. 꼭 다시 올 테다.

Pai, Thailand

19.

누군가에게는 '모순'이
또 다른 누군가에게는 '일상'이 공존하는
인도

영원처럼 멈추지 않을 것 같은 경적 소리, 사이드 미러 없이 달리는 현란한 트럭, 케케한 매연의 향, 하이에나처럼 달려드는 사기꾼들, 나의 눈을 응시하는 크고 짙은 수많은 눈동자들….

다시! 이곳으로 왔다. 인도.
세상 어느 곳과도 다른 곳, 이름만으로 나를 두근거리게 하는 곳.

인도 도착 직전, 극적으로 연락이 닿은 낄띠의 집으로 향했다.
신입사원 때 내 옆자리에서 함께 일했던 그녀. 우린 한참 동안 데면데면한 사이였다. 어느 날, 탕비실에 숨어 혼자 울고 있던 나를 발견한 그녀. 같은 한국사람이 아니기에, 같은 언어를 쓰지 않기에, 나를 잘 알지 못했었기에 오히려 편견 없이 바라봐 주지 않았을까. 그녀 앞에선 엉엉 울어도 창피하지 않았고, 쉽게 마음을 터놓을 수 있었다. 그녀는 항상 나의 '디'(인도말로 언니)가 되어 주었다.

그토록 기다리던 쌍둥이를 가진 그녀는, 남편과 함께 인도 델리로 돌아갔고, 그 후 델리로 휴가를 가서 짧은 시간 동안 그녀를 만났었다.

2년 반 만에 만나는 그녀의 사랑스러운 두 쌍둥이들은 얼마나 자랐을까.

라다크 레의 산티스투파(Shanti Stupa)에서 만난 예쁜 꼬마아이들.

우연히 같은 비행기를 타고, 일행이 된 재혁이. 나와 동생이 낮잠을 자는 사이 오토바이를 빌려 왔다. 한 명씩 산티스투파 입구까지 오토바이로 실어 나른다.

오랜만에 타는 오토바이 뒤에 앉아 신나게 달리는데, 맞은편에서 익숙한 얼굴이 씩씩하게 걸어온다. 혜식 언니! 칠레의 민박집에서 남동생들 여럿을 거느리고 술자리를 지키고 있던 그녀. 그 후, 브라질 리우 데 자네이루에서, 미국 뉴욕에서도 만났었는데, 이번으로 무려 네 번째. 그 사이 그녀는 한국에 들렀다 다시 인도로 여행을 나왔다.

언니가 말한다. 우린 전생에 부부였을 거라고. 이렇게 네 번을, 그것도 다른 대륙에서 만날 수는 없는 거라고. 세상이 좁기도 좁은 거지만, 이 정도면 우리는 심상치 않은 인연이다.

Leh, Ladakh, India

판공초 가는 길. 자그마치 해발 5,360미터!

페루, 볼리비아의 고산지대에서도 꽤 괜찮았던 나. 고산증은 나에겐 없는 병

이라 자만했다.

방심하자마자 고산증의 시험에 들었다.

판공초에서 야영하던 밤, 고장난 듯 쿵쾅대는 심장에, 뇌가 쪼그라드는
듯한 끔찍한 두통이 찾아왔다.

일행들이 맥주 한 잔에 휘영청 뜬 보름달을 만끽하고 있을 때,
난 텐트 안 딱딱한 침대에 누워 눈물 콧물 범벅이 된 채 잠들었다.

다음 날 아침 눈부시게 펼쳐진 판공초. 영화 〈세 얼간이(3 Idiots)〉의 마
지막 장면에서 반짝이던 그곳에 와 있다는 게 이제서야 실감이 난다.

Pangong Tso, Ladakh, India

판공초 앞 숙소. 고산증이 다시 도질까,

쉬엄쉬엄 고장난 로봇처럼 걷고 있는 나의 곁에서

펄쩍펄쩍 뛰어다니는 아이들.

Pangong Tso, Ladakh, India

판공초에서 레로 돌아가던 중 버팔로를 타볼 기회가 있었다.
겨울이면 버팔로를 떼로 풀어 놓고 달리게 해, 제설 작업을 대
신한다고 한다.
한겨울, 버팔로 무리가 연출할 장관을 상상하며 감탄 또 감탄.

Pangong Tso, Ladakh, India

마침, 라다크 순방 중이던 달라이라마의 강연을 들을 수 있
었다.

몇 해 전 한창 직장생활에 지쳐 있을 때 나를 정화시켜 준
편지 한 통이 떠올랐다. 당시 인도 등지를 반 년 간 여행 중
이었던 재근이가 보내온 따뜻한 편지.
그래, 너의 말대로, 정말 중요한 건, 현재를 즐겨야 한다는
것. 그리고 달라이라마의 말대로 절대 포기하지 않을 것. 왜
자꾸 잊고 살게 되는지.

Leh, Ladakh, India

레 마을이 한눈에 들어오던 언덕배기의 작은 까페에 앉아,
짜이 한 잔을 시켜 놓고 조용히 내려앉는 노을을 바라본다.

티베트 불교 사원에서 흔히 볼 수 있는 인생의 수레바퀴. 탄생, 환생, 해탈을 포함하는 인생의 윤회(Samsara)를 뜻한다. 틱세 곰파(Tiksey Gompa)에서.

Leh, Ladakh, India

누브라밸리의 투르툭 마을. 외국인에게 개방된 지 얼마 되지
않아서일까, 때가 덜 묻은 느낌이다.

Nubra Valley, Ladakh, India

투르툭의 풍경. 어떤 표현 도구로도 이 감동을 다 담아 낼
수 없을 것 같다.

Nubra Valley, Ladakh, India

"마음에 있지 않으면 보아도 보이지 않으며, 들어도 들리지
않으며, 먹어도 그 맛을 모른다(心不在焉, 視而不見, 聽而不聞,
食而不知其味)"
공자《대학》제7장 2절.

아슬아슬한 감정의 줄다리기 끝에 결국 원석이랑 크게 다투
었다. 나를 쏘아보는 그 녀석의 눈빛에서 예전의 내 모습이
보인다. 좀 더 감싸주지 못하는 나의 옹졸함이 미안하다. 지
금 이 상황은 시간이 조금 더 흐른 뒤에야 이해할 수 있으리
라는 막연한 희망을 품으며.

Nubra Valley, Ladakh, India

삼계탕을 만들겠다고 닭 집에 가긴 갔는데 눈앞에서 바로 닭
잡는 끔찍한 광경이 벌어진다. 지나가던 히피 채식주의자가
쏘아붙이는 몇 마디에 죄책감이 든다.
닭 집 앞에는 개 한 마리가 곤히 잠들어 있었다.

Leh, Ladakh, India

라다크에서 델리로 내려가는 중간에 들러 며칠 쉬어가는 마
날리.

이곳에는 한국인의 휴양지인가 싶을 정도로 한국 사람이 많
다. 수제비와 만둣국을 다 판다.

Manali, India

문득, 패스트푸드가 그리워졌다. 일행과 코넛플레이스의
KFC를 찾았다. 이곳의 맥도날드, KFC 정문은 경비원들
이 지키고 있다. 프라이드치킨에 햄버거를 실컷 먹고,
남은 걸 포장해서 가게 앞에서 구걸하는 아이 엄마의
손에 들려준다.

코넛플레이스에서 빠하르간즈 거리까지 걸어가기로 했
다. 거리의 남자가 갑자기 바지를 내리고 용변을 본다.
휴지가 없으니 거리의 먼지를 모아서 뒤처리를 한다. 우
리는 KFC에서 식사를 하고 나왔고, 옆에는 벤츠와 릭
샤꾼들이 뒤섞여 서로의 길을 간다. 이해하기 어려운 일
들이 매일 일어나는 이곳. 누군가는 '모순'이라 하고, 또
누군가는 이를 '일상'이라 한다.

인도 여행에서의 가장 큰 애로 사항은 사기꾼도, 장염도 아닌 '벌레들'. 같이 방을 쓰던 혜식 언니의 가방을 들었는데 바퀴벌레 대여섯 마리가 우르르 도망간다. 언니가 강력하게 항의한 덕분에 옆방으로 옮겨졌지만 여전히 불안하다. 호텔 리셉션에서는, 오늘 약을 쳤으니 걱정 말라 하지만, 눈으로는 이렇게 말한다. '뭐 그깟 벌레들 가지고.'

다음 날 아침잠이 덜 깬 상태로 와이파이를 사용하러 호텔 로비로 가는데, 직원 한 명이 빗자루로 바닥을 쓸고 있다. 바닥이 시커멓다. '먼지투성이네…' 직원이 날 향해 찡긋 웃어 보인다. 뭔가 이상하다. 발밑을 내려다보니, 먼지가 살아 꿈틀거린다. 아니, 먼지가 아니라 수백 마리의 바퀴벌레였다. "으아아아아아악!"
비명을 내지르며 패닉에 빠진 나를 보고 재미있다고 배꼽을 잡고 웃는다.
몇 번을 더 오더라도 벌레에 적응하긴 어렵겠지.
벌레들에게서 해방되고 싶다.

한 달 간의 여행을 무사히 마치고, 동생은 한국으로 돌아갔다.

오랫동안 혼자였다가, 동생이라는 일행과 24시간을 함께 하는 건 여러모로 신경 쓸 일이 많았다. 한 틸 만에 주어진 사유를 드라마와 긴 단잠으로 채웠다.

동이 트기도 전 이른 새벽에 눈이 떠진다. 샤워를 하고 숙소를 나서는데, 여전히 어둑어둑하다. 호텔 문이 잠겨 있어 문 앞에 일렬로 누워 자고 있는 사람 중 하나를 깨웠다.

"헬로우? 미안해요. 문 좀 열어 주세요."

낮에는 그리 순하고 무기력한 개들이 어둠 속에서 무섭게 짖어 대고 있었다. 바로 백기를 들고 반대편으로 돌아나간다. 배낭여행자들과 상인들로 항상 북적이는 빠하르간즈 거리도 이제 깨어 나고 있었다. 짜이를 외치는 거리의 짜이왈라, 릭샤를 개조한 깡통 스쿨버스에 비좁게 앉아 나를 보고 웃는 아이들, 뉴델리 기차역 간판 뒤로 떠오르는 해를 보면서, 지금 이 순간, 내 삶에 진한 만족감이 벅차게 밀려온다. 이상하게 기분이 좋다. 나는 너무나 행복했고 존재의 황홀감마저 느끼고 있었다. 이런 아침의 깊은 충만감과 삶에 대한 감사함을 가지고 산다면….

행복이라는 것은 참으로 단순하고 소박한 것이었다.

거리의 짜이를 한잔 마시고, 숙소로 돌아갔다.
혜식 언니가 걱정스레 말한다.
"어제 너 자면서 엉엉 울더라. 무슨 꿈을 꾼 거야?"

(한국에 도착한 동생은 엄마에게 이번 여행은 '자신의 인생에서 최고의 여행'이었다고 말했다 한다. 누나도 잊을 수 없는 한 달이었어.)

New Delhi, India

뮤직 아쉬람에서의 즐거웠던 한때.

통기타를 들고 온 한 이스라엘 여행자가 비틀즈의 노래
를 부르기 시작한다. 뮤직 아쉬람의 사람들이 인도 악
기를 연주하며 한데 어우러진다. 서양 노래에 인도 악기
의 연주가 덧입혀져 환상적인 하모니를 만들어 낸다.
리쉬케시는 1968년 비틀즈가 이곳 아쉬람에 한동안 머
물면서 세계 요가인의 성지로 부상한 곳이다.

Rishikesh, India

매일 갠지스 강가에서 치러지는 푸자 의식.

Rishikesh, India

흙빛 갠지스 강 위로 놓인 락쉬만 줄라(락쉬만 다리)를 바라보
며 늦은 아침을 먹고 있는데, 아이 둘이 나에게 다가온다. 다
짜고짜 하는 말.

"우리랑 사진 찍어요."

수많은 외국인이 방문하는 인도인데도 외국인은 여전히 신기
해 보였나 보다. 하지만 난 이제 막 점심을 먹기 시작했는걸.
밥 먹는 나를 빤히 바라보는 눈을 못 견디고 일어났다. 가게
밖으로 나오니, 온 가족이 나를 기다리고 있다.

인도 리쉬케쉬에서 1분짜리 스타가 되었다.

Rishikesh, India

사람에, 소에 치이며 쉬엄쉬엄 락쉬만 줄라를 건넜다.
나를 둘러싼 형형색색의 사리를 입은 무표정한 얼굴에 어두운
피부의 사람들이, 인파에 한데 어우러져 느릿느릿 걸음을 걷
고 있는 게으른 소들이, 알아들을 수 없는 언어와 간판들이…
갑자기 나를 낯선 세계로 이끈다. 잠시 아찔해진다.

Rishikesh, India

312

암리차르의 황금사원을 찾는 모든 사람들에게 식사가 무료
로 제공된다.
음식 만들고 나르는 일부터 설거지까지 모두 시크교도들의
자원봉사로 이루어진다.

'어라, 생각보다 엄청 맛있다!'
끔찍했던 장염의 기억도 잊은 채, 리필까지 해 먹는 나.

Amritsar, India

이 멋진 시크 청년은 몇 시간 후에 있을 인도 공군
시험에 붙게 해 달라고 기도를 드리러 골든 템플에
왔다.
결과는? 합격!

Amritsan, India

314

여러 가지로 재미있기도, 고달프기도 한 인도에서 릭샤 타기.
특히나 여자 외국인 여행자 혼자일 때는, 목소리 커질 일이
사주 생기게 된다.

Amritsar, India

인도와 파키스탄의 국경, 와가에서의 국기 하강식.

평소 사이가 좋지 않은 인도와 파키스탄. 암리차르에서 멀지
않은 국경에서 매일 열띤 응원전이 펼쳐진다.

현지인 버스를 타고 간 나는, 현지인들 사이에 끼여 앉아 있
었는데 한 군인 아저씨가 매의 눈으로 나를 콕 찍어서 나오
라고 한다.
"저기 외국인 석으로 가시오."
순식간에 VIP석에 앉게 되었다. 같은 버스를 타고 온 참한
부부에게 미안해진다.

닭 볏 같은 모자를 쓴 군인 아저씨들의 약간은 우스꽝스러
운 행진, 노래만 틀었다 하면 벌떼같이 나가 광란의 댄스를
보여 주는 인도 여인네들, 알아들을 수 없는 구호를 목청껏
질러 대던 인도 남정네들. 절도 있는 파키스탄의 응원전과
상당히 대조되던 캐릭터이다. 난 파키스탄의 응원 구호가 더
마음에 든다. 인도 쪽에 앉아 나즈막히 파키스탄 구호를 따
라 해 본다.

Wagah, India

밤에 더 눈부신 황금사원.

Amritsar India

원석이를 핑크 다다(핑크오빠)라고 부르며
따라다니던 낄띠의 쌍둥이 아비와 오디.
하나밖에 없는 에어컨이 있는 방을 굳이 우
리에게 양보해 주던 낄띠 가족이 너무나 감
사하다.

한 달간의 인도여행 마지막 날 저녁은 낄띠
네 집에서 보냈다.
오디의 감독하에 직접 짜파띠(Chapati)를
구워 보지만 영 어설프다. 결국 낄띠 투입!

New Delhi, India

20.

과거는 바꿀 수 있어,
지금 마음먹기 나름이야
이탈리아

토스카나의 한 농장에서 맞는 아침.

나무창을 조용히 들어 올리니 자욱한 안개가 내려앉은
꿈같은 풍경이 펼쳐진다.
곧 아침식사가 준비되겠지.

Tuscany, Italy

각종 뮤직 페스티벌을 찾아다니던 신디와 프랑코의 결혼식 테마는 '축제'. 농장을 통째로 빌린 일주일 동안 '웨드스탁 (Wedstock)'이란 이름으로 매일매일 축제가 벌어졌다.

오늘의 이벤트는 이탈리안 요리교실. 생애 처음 들어 보는 요리수업이다.

우리가 배운 요리는: 투스칸 샐러드(Tuscan salad), 탈리아텔 레 파스타(Tagliatelle pasta), 아리스타 우브리아카(Arista ubriaca)와 티라미수.

Tuscany, Italy

요리교실을 마치고, 우리가 만든 요리들을 맛볼 시간.

맛있는 음식, 로맨틱한 세팅 그리고 좋은 사람들.

Tuscany, Italy

토스카나의 와이너리를 배경 삼아 열린 신디와 프랑코의 결혼식. 흐리던 날씨 때문에 걱정이 많았는데, 결혼식이 시작되자 거짓말처럼 해가 고개를 내민다.

이보다 영화 같은 결혼식이 또 있을까?

Montestigliano, Tuscany, Italy

낮도 아름답고,

Siena, Italy

밤도 아름다운 시에나.

Siena, Italy

밀라노 센트럴 기차역에 멈춰 섰다.

10년 전 스물셋의 난, 나폴리에서 타고 온 야간열차에

서 도난당한 카메라 때문에 쪼그리고 울고 있었다.

지금, 서른둘의 난 꿈만 같던 2주를 보낸 후 함박웃음을

짓고 있는 중.

Milan, Italy!

21

시간이
흘러가는
모습을 본다
포르투갈

바다는 하늘을 닮고 사람들은 바다를 닮는다지.

파스텔톤 그득한 리스본의 뒷골목. 그 색채에 푹 젖어

길을 걷고 있는 엄마와 윰스터, 저 멀리 보이는 바다.

Lisbon, Portugal

맛을 '본다.'

음식을 사진으로 남기는 이유다. 음식의 비주얼에는 그
맛을 경험해 본 사람만이 알 수 있는 향과 풍미가 깃들
어 있다.
포르투갈 리스본에 위치한 벨렘빵집(Pastéis de Belém).
에그타르트의 원조인 곳. 최고의 에그타르트를 맛볼 수
있다.

Lisbon, Portugal

항해자인 엔리케 왕자의 사망 500주년을 기리는, 발견의
기념비(Padrao dos Descobrimentos)가 테주 강을 바라보
고 서 있다. 바스코 다 가마, 카브랄, 마젤란 등 30여 명의
대항해 시대(15~16세기)의 주요 인물들이 한자리에 있다.

시간이 흘러가는 모습을 본 적이 있었나. 나도 모르게 쏜살 같이 지나가서 나중에야 알게 되는 게 보통이다.
하지만 때로는 28번처럼 흘러가는 모습을 드러내는 시간도 있다.

덜컹거리는 28번을 타고 숙소로 향하는 길.

Lisbon, Portugal

22.

더블린, 원스,
친구들… 인연이 엮이다
아일랜드

여행의 막바지, 멀리 아일랜드에 왔다. 쿠바에서 만난 루카스와 라파엘이 있는 곳, 이 친구들이 아니었다면 아마도 이번 여행에는 들르지 않았을 곳이다.

루카스가 마음이 복잡할 때면 찾는다는 후크 등대에 왔다.
"이상하게 이곳에 오면 마음이 편안해져. 친구들과 낚시를 하러 오기도 하고, 혼자 오토바이를 타고 찾아서 멍하니 바다를 바라보다 돌아가기도 해."
이곳, 잔디가 참 폭신폭신하다. 사탕 같은 꽃들이 세찬 바람에 납작 엎드려 있다. 발걸음의 촉감이 부드럽다. 나의 마음도 포근해진다.

Wexford, Ireland

라파엘이 선생님으로 있는 학교의 일일교사를 하게 되었다.
주제는 '나의 여행'.

디테일한 성격의 그답게, 수업도 아기자기하게 준비해 놓았다.
세계지도 위의 한국 지도에는 나의 얼굴이 붙어 있고, 자신이
여행을 하면서 모은 여러 나라의 기념품들이 이곳 저곳에 놓
여 분위기를 한껏 살려 준다. 작은 지구 모양의 볼도 준비되어
있다.
남 앞에 나서는 것을 극도로 꺼리는 나. 이 어린아이들의 초요
롱초롱한 눈빛 앞에 서니 가슴이 참 오랜만에 고장난 듯 두근
거린다. 그런 긴장감도 잠시, 내 여행사진과 영상을 보여 주며,
떠오르는 추억을 풀어놓다 보니 한 시간이 훌쩍 지나간다.

여행이 끝나갈 무렵, 어린 친구들과 나의 여행을 함께
회상하고, 스스로도 그간의 시간을 뒤돌아볼 수 있어
좋았다.

수업을 마치고 나니, 아이들이 돌아가며 이름들로 빼
곡히 채운 티셔츠를 선물로 건네준다.
"You are my inspiration!"이라는 과분한 칭찬과 함께.
아, 행복하다.

Waterford, Ireland

"May you never steal, lie or cheat. But if you have to steal, then steal away my sorrows. If you have to lie, then lie with me all the nights of our life. If you have to cheat, then cheat death because I don't want to live a day without you."

(당신이 남의 것을 취하거나, 거짓을 말하거나, 배신하지 않기를. 하지만 당신이 꼭 훔쳐야 한다면, 나의 슬픔을 훔쳐가 주고, 거짓말을 해야 한다면, 위로의 거짓말을 해 주기를 바라요. 당신이 무언가를 배신해야 한다면, 죽음을 배신해 주세요. 왜냐하면 난 당신 없이는 하루도 살 수 없으니까요.)

— 영화 〈프러포즈 데이(Leap Year)〉* 중에서

Dingle, Ireland

*클라다 링(Claddaugh Ring)은 아일랜드 골웨이(Galway) 지방의 특산품으로 아일랜드의 약혼 반지로 유명하다. 어느 쪽 손에 어떤 방향으로 끼는지에 따라 다른 의미를 갖는다.
*〈프러포즈 데이〉: 가볍게 볼 수 있는 로맨틱 코미디물에 아일랜드의 환상적인 풍경이 가득 담겨 있다.

안개에 싸인 모헤어 절벽(Cliff of Moher)과
두나고어 성(Doonagore castle).

Connemara, Ireland

여기에서는, 기네스에 블랙커런트 주스를 섞어 마신다. 기네스의 쌉싸름한 맛에 주스의 달달한 맛이 살짝 더해져 몇 잔이고 마실 수 있을 것만 같다. 그리고 처음 먹어 보는 아일랜드의 사이다 불머스. 사과향이 입안에 향긋하게 퍼진다. 이건, 심지어 기네스보다 더 맛있다.

아일랜드에서 마시는 오리지널 알코올에, 좋은 친구들까지 함께하니, 어찌 이보다 더 달콤할 수 있으리오.

펍 안의 낡은 벽에는 이런 문구가 걸려 있다.
"There are no strangers. Here only friends. We have yet to meet."
(낯선 이는 없다. 여기 우리는 모두 친구. 아직 만나지 못했을 뿐)

Clifden, Ireland

숙소에 짐을 풀고 드라이브에 나섰다. 창밖으로 펼쳐진 아름다운 풍경에 우
리 모두 흥분의 도가니. 시간이 멈춘다면 이곳에서 멈추기를. 클리프덴의 스
카이웨이 드라이브.

Clifden, Ireland

영화 〈원스(Once)〉는 나에게 더블린의 이미지를 심어 준 영화.
영화의 흔적을 찾아보기로 했다. 영화에 나온 악기점, 까페, 여
주인공이 살던 동네를 산책하듯 돌아본다.

영화의 오프닝에서 주인공이 기타 연주를 하고 있던 거리가 그래프튼 스트리트(Grafton Street). 그 거리를 따라가다 보면, 주인공이 그의 기타 케이스를 훔쳐 달아나던 좀도둑을 전속력으로 쫓아가던 세인트 스티븐 그린 공원(St. Stephen's Green)의 입구가 나온다.

Dublin, Ireland

리피 강 위의 여러 다리 중에 유독 인기가 많은 이 다리. 다
리가 개통되었을 당시, 통행료로 하프 페니(Half penny)를
징수하였다고 해서, 원래 이름인 리피 브리지보다 하페니 브
리지(Ha'penny Bridge)라고 불린다.

Dublin, Ireland

더블린이 나에게 나긋이 말한다. 걱정 말라고!

Dublin, Ireland

에필로그 I.
여행은 선물

여행이 녹록지만은 않았다.

낯선 사람을 그저 믿어야만 하기도 했고,

몸이, 마음이 아플 때도, 숨 막히게 외로워지던 날도, 고향의 익숙함과

집의 편안함과 가족과 친구들이 그리워지던 순간도 있었다.

여행이 길어지고, 유랑이 일상이 되어갔다.

나는 그저 배낭을 짊어지고 한 걸음씩 묵묵히 걷는 한 사람

나를 둘러싼 풍경들이 시시각각 변하고,

나에게 말을 거는 사람들이 바뀌는 것이었다.

예상에 어김없이 엇나가는 하루하루, 끊임없이 변하는 상황 속에서 스

스로 균형을 잡아야 했다.

어떤 것도 정말 나의 것이 아니었다.

'진짜'는 이런 것들 — 숨 쉴 수 있는 공기, 건강한 몸, 달콤한 잠, 나를

나아가게 하는 꿈, 푸른 바다와 하늘 그리고 사랑하는 사람들

그렇게 한 걸음씩 내딛던 발걸음이 집으로 향할 무렵,, 나는 예전보다 조

금 더 행복한 사람이 되어 있었다.

십여 년 전의 첫 배낭여행에서, 난 나의 새로운 모습을 마주했다. 덜 수줍고, 더 따뜻하고, 많이 웃고, 마음껏 자유롭고, 더 긍정적인 열린 모습의 나였다. 내가 바라는 나에 가까워지는 신기한 경험을 하게 되었던 것이다. 그런 내가 좋아서 여행에 빠져들었다. 사실 어디로 떠나 무엇을 보는 것은 여행에 있어 단편적인 즐거움일 것이다. 누구를 만나 소통하고, 나의 어떤 모습을 보았는지가 진짜 여행의 속살 아닐까.

때로는 답답한 현실이 싫어 여행을 도피의 수단으로 치부해 버릴 때도 있다. 떠나서 돌아오면 그뿐 아니냐고? 하지만 난 떠나 있는 동안 내가 바라는 나에게 가까워지는 연습을 하고 있었는걸.
그래서 내게 여행은 스스로에게 주는 가장 큰 선물이다.

에필로그 II.
길위의 사람들

앙헬은 우유니 소금사막에서 만난 연상의 일본인 여자와 사랑에 빠졌고, 또 방콕과 사랑에 빠졌다. 방콕에서 일자리를 얻는 데 실패하고 일단은 일보후퇴, 고향인 부에노스아이레스에서 머물고 있다. 낮에는 공부를, 밤에는 바에서 일을 하며.

마티나와 그의 새신랑 클라우스는 가끔 다투기도 하지만, 금세 "역시 나한테는 너밖에 없어"라며 러브러브-모드로 돌아간다. 자식 삼아 입양해온 강아지 메리가 딸 노릇을 톡톡히 한다고 한다.

바르셀로나의 나의 스페인 엄마와 아빠는 여전히 일로 바쁘시다. 스페인 사람들이 느긋하고 게으르다는 이야기는 이 분들과는 먼 이야기다. 그들과 함께 나누던 아침식사, 저녁식사 시간이 그립다. 험프리를 바라보던 엄마의 애정 어린 눈빛이 그립다. 이번 크리스마스 선물로 험프리와 내 책을 보낼 생각이다. 정말 보고 싶다.

싸이싸이는 뉴욕-파리-브리즈번을 돌고 돌아 일단은 LA에 2층짜리 집을 구해 정착했고, 그 사이 한 번의 예상치 못한 사랑에 빠졌다. 혼자서 집 곳곳을 수리하는 사진 속의 그녀, 여전히 에너지가 넘쳐흐른다.

브라질의 윌리엄과 식구들은 여전히 잘 지내고 있단다. 이 둘은 왜 이리 붙어 다닐까, 속으로 의심의 눈초리를 보냈었는데, 요즘 윌리엄과 파울로는 여자 친구들이 생겨 커플 데이트를 즐기는 모양이다.

성안이는 외롭다고 그렇게 아우성이더니, 드디어 여자 친구가 생겼다. 하지만 뉴질랜드에서 한국에 있는 그녀와 롱디(장거리연애)하느라 고생이 많겠다.

낄띠 가족은 델리에서 고향인 뭄바이로 이사를 했다. 작은 사업을 하는가 싶더니, 외국계 엔지니어링 회사에서 근무를 시작했다고 한다. "다음에 뭄바이에 오면 멋진 사리를 한 벌 맞춰 주시겠다"던 낄띠의 시아버지, 약속 잊지 않으셨죠. 저 금방 갑니다!

다운이에게는 그 사이 두 번째 천사 피앙포가 찾아왔다. 곧 셋째도 태어난다니, 다음에 만날 때는 다섯 식구이겠구나. 세 아들의 엄마가 되는 내 친구. 치앙마이에서 멋진 게스트하우스도 운영 중이다. 행복해 보여 나도 좋아.

루카스는 일 년 동안 모은 돈을 전부 오토바이를 사는 데 써 버렸다. 그래서 올해는 여행을 못 떠났다. 어머니의 종양은 수술이 성공적으로 끝나고 완치되었다며, 웃었다. 그의 특기인 돼지그림을 그린 엽서를 고향에서 보내왔다.

라파엘은 아르헨티나 여행을 마지막으로 당분간 여행을 끊고 돈을 모으겠다더니, 어느새 우리나라를 거쳐 일본에서 끝내주는 3주를 보냈다. 올해 말에는 콜롬비아로 떠난단다. 그래, 너랑 나에게 여행은 끊을 수 있는 게 아니다.

남희 언니는 따뜻한 책을 또 한 권 집필했다. 귀국길에 장만한 럼 한 병을 들고 언니를 찾아 언니가 집에서 직접 키운 민트에 아바나의 레시피대로 모히또를 만들어 마셨다. 항상 세상 어딘가를 걷고 있는 남희 언니. 그래서 자주 볼 순 없지만, 만날 때마다 언니에게서 마음 깊이 소통하고 교감하는 법을 배운다.

페드로는 회사를 다니며 대학 공부를 병행하느라 고생이 이만저만이 아니다. 하지만 그의 천연 긍정 마인드 덕분에 A학점 행진을 하고 있다. 하고 싶던 공부를 하며 제2의 인생을 그리는 그의 얼굴에 미소가 피어오른다.

사치코와 히데 부부는 일 년간의 여행을 마치고 나와 비슷한 시기에 집에 돌아갔다. 겨울의 막바지에 그들을 만나러 도쿠시마를 찾았다. 이 사랑스러운 부부에게 아이가 생기기를 함께 기도했고, 그들은 이제 12월에 태어날 아기를 기다리고 있다. 내가 다녀간 얼마 후, 엽서 한 통이 날아왔다.

"상미 네가 와준 건 우리에게 너무나 특별한 일이었어. 여행 후에 금세 잊어버린 우리의 'Travel Soul'을 네가 다시 일깨워 주었거든."

사치코는 낮에는 아기가 배 안에서 춤을 추고, 매일 밤 히데가 자장가를 불러 준다고 했다. 히데는 현실로부터 도망쳐 다시 세계여행을 떠나고 싶다는 메시지를 사치코 몰래 비밀스럽게 보내왔다. 아, 난 당신들이 너무나도 좋다.

나도 집으로 돌아와, 반 년 동안 백수생활을 보냈다. 그중 제주도에서 한 달을 보냈다. 제주와 사랑에 빠졌고, 멋진 인연들을 만났다. 제주의 게스트하우스에서 두 달 간 나의 여행사진전을 열었다. 집 앞 단골 까페에 종일 앉아 제일 좋아하는 라떼를 매일같이 마셨다. 소울메이트라는 게 있다면, 그건 바로 당신, 인가요? 영원히 지키고 싶은 사람을 만났다. 책을 준비하면서, 지난 시간을 한 알 한 알 곱씹는 행복한 시간을 보냈다. 여행을 다시 하는 기분이었다. 애초에 지인들을 위한 혼자만의 프로젝트였던 사진 책을 만들었고, 이를 계기로 출판 제의를 받는 일이 벌어졌다. 통장 잔고가 바닥을 드러내고 마음이 복잡해질 무렵, 면접 합격 통보를 받았다. 다시 회사생활을 시작했고 일상으로 돌아왔다.

세계일주는 오랜 시간 나의 꿈이었다. 여행 중 문득, 불안감이 엄습해 왔다. 세계일주를 끝내고 집에 돌아가면 나는 이제 꿈이 없는 사람이 되는 게 아닌가? 꿈이 없는 인생을 어떻게 살지? 이 얼마나 어리고 오만한 걱정이었는지. 14개월이라는 시간은 턱없이 부족한 시간이었다. 내가 지금껏 경험한 세상은 티끌만큼도 되지 않는걸. 그래서 세상을 보고 느끼겠다는 나의 꿈은 현재진행형이다. 눈을 감는 날까지 계속될 꿈이다.

감수성 충만하던 스물넷의 작은 자취방에서 처음 만난,
〈이터널 선샤인(Eternal sunshine of spotless mind)〉
이 영화가 전해 주는 메시지는 여전히 나의 마음을 울린다.

Clementine : This is it, Joel. It's going to be gone soon.
Joel   : I know.
Clementine : What do we do?
Joel   : Enjoy it.

클레멘타인 : 이제 끝이야. 곧 모든 게 사라질 거라구.
조엘   : 알아.
클레멘타인 : 우리 어떻게 하지?
조엘   : 즐겨.

하루가 끝날 때, '기억'이 바로 우리가 가진 진짜이자 모든 것.
'기억'이 사라지면, 우리도 사라진다.
그러니, 우리가 인생을 최선으로 살 수 있는 방법.
카르페 디엠(Carpe Diem), 순간을 즐기는 것.
'다음'이란 없을지도 모르니까.
NOW OR NEVER.

떠나면 알 수 있는 것들

발행일 | 1판 1쇄 2015년 2월 10일
       1판 2쇄 2015년 3월 17일

지은이 | 김상미
주　간 | 정재승
교　정 | 한복전
디자인 | 배경태
펴낸이 | 배규호
펴낸곳 | 책미래

출판등록 | 제2010-000289호
주　소 | 서울시 마포구 공덕동 463 현대하이엘 1728호
전　화 | 02-3471-8080
팩　스 | 02-6353-2383
이메일 | liveblue@hanmail.net

ISBN 979-11-85134-23-9 03890

국립중앙도서관 출판시도서목록(CIP)

떠나면 알 수 있는 것들 / 지은이: 김상미. -- 서울 : 책미래,
2015　　p. ;　　cm

ISBN 979-11-85134-23-9 03980 : ₩14800

여행기[旅行記]
세계 여행[世界旅行]

980.24-KDC6
910.41-DDC23　　　　　　　　CIP2015002439